水工程与水文化
有机融合典型案例

水利部精神文明建设指导委员会办公室 编

SHUIGONGCHENGYUSHUIWENHUAYOUJIRONGHEDIANXINGANLI

长江出版社
CHANGJIANG PRESS

水工程与水文化有机融合典型案例 3

编委会

主　　　任	罗湘成			
副　主　任	孙高振	付静波	李　铭	王卫国
	何韵华	何仕伟		
编　　　委	况黎丹	姜　莉	易文利	林辛锴
	肖文菡	李　媛	李　敏	翟文君
	敖　菲	李卫星	何红霞	秦建彬
	陈文峰	李小芬	焦建华	

主　　　编	王卫国			
执 行 主 编	况黎丹			
执行副主编	韩　诗	李卫星		
编　　　辑	施　颖	金波善	王雯萱	王　婷
	廉欣培	范语珊	沈梦雨	蔡林杰
	韩丹敏	杨艺文		

前　言

近年来，我国水利事业蓬勃发展，涌现出一批富含水文化元素的精品水利工程，展现了治水兴水的人文关怀和文化魅力。

为充分发挥典型水工程在水文化建设中的示范作用，按照《水文化建设规划纲要2011—2020年》和《水文化建设2016—2018年行动计划》，水利部精神文明建设指导委员会办公室于2020年开展了第三届水工程与水文化有机融合案例征集展示活动。各单位高度重视，认真组织，积极申报，共推荐报送案例51个。经初步审核、网上投票、专家评审、征求意见，并报水利部文明委审定，确定15个案例成功入选，分别为：三门峡水利枢纽、东坝头险工、淮河入海水道大运河立交、江苏皂河水利枢纽、杭州三堡排涝工程、南平市建阳区考亭水美城、江西省峡江水利枢纽、引黄济青工程、武汉市东湖港综合整治工程、韩江南粤"左联"纪念堤岸整治工程、陕西省汉中市一江两岸天汉湿地公园、宁夏潜坝唐徕闸水利风景区、新疆北疆输水一期工程、乌鲁瓦提水利枢纽、大连碧流河水库枢纽工程及水利风景区。

本书选取了14个典型案例。案例排列顺序为：以海岸线北端为起点，按顺时针方向确定各大流域顺序。属同一流域的，则按上下游依次排列。每个案例均分为概述、兴修缘由、建设历程、工程简介、文化解读、水文化建设和延伸阅读等7个栏目，从历史、地理、文化各个方面，进行多方位论述。供各地各单位学习借鉴，以进一步提升水工程的文化内涵与文化品位，更好地满足人民群众日益增长的精神文化需求。

目 录
CONTENTS >>>

1　大连水碗碧流河　　　　　　　　　　001

2　唐徕渠首唐正闸　　　　　　　　　　021

3　蓄清排浑三门峡　　　　　　　　　　043

4　最后一弯东坝头　　　　　　　　　　069

5　引黄济青润齐鲁　　　　　　　　　　091

6　高低错落皂河站　　　　　　　　　　115

7　淮河入海大立交　　　　　　　　　　135

8	天汉湿地靓汉中	155
9	生态海绵东湖港	179
10	江西水利看峡江	201
11	排洪除涝三堡站	223
12	水脉文魂水美城	241
13	"左联"之旅在韩江	261
14	乌鲁瓦提润和田	281

碧流河水库

1 大连水碗碧流河

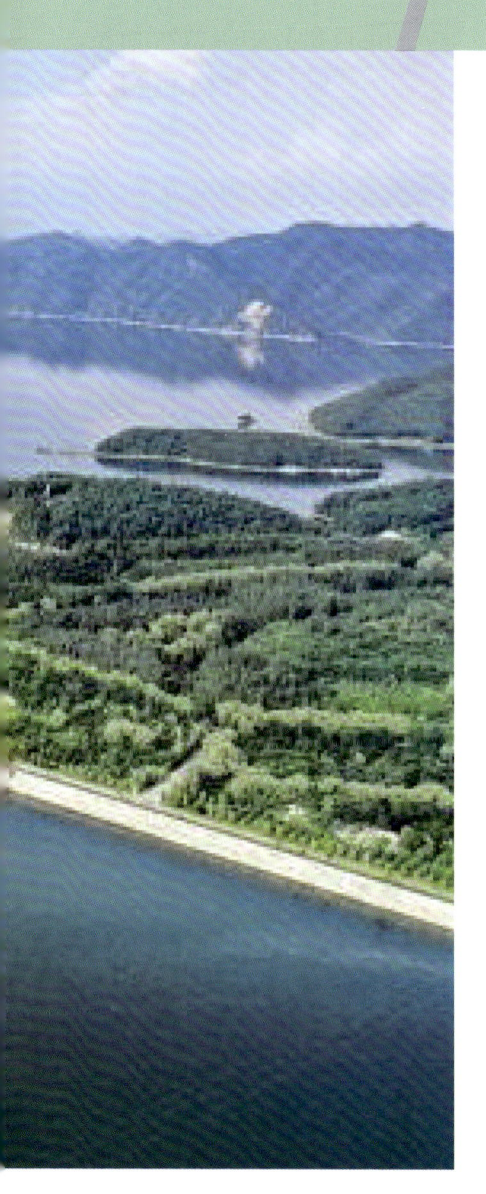

【概述】

　　碧流河水库位于辽东半岛中部,大连市东北部,是一座拥有防洪、发电、灌溉、养殖等综合效益的大(2)型水库,也是大连城市供水的主水源地。多年来,碧流河水库有限公司不忘初心、牢记使命,在为大连市提供水源保障的同时,积极开展水环境、水生态与水文化建设,为大连的改革开放和城市建设做出了贡献,也使水库的水文化建设走在了全国同行的前列。

【兴修缘由】

兴修碧流河水库，主要为解决大连城市的供水难题。

大连地处辽东半岛南部，东北地区最南端，东、西、南三面与朝鲜及我国的河北、天津、山东隔海相望，是我国东北地区最大的港口和重要的经济、贸易、工业城市，也是闻名国际的浪漫之都、宜居之城、旅游胜地。全市GDP总量长期位居东北三省的第一位。

大连三面临海，但淡水资源极度贫乏，人均水资源占有量760立方米，仅为全国平均数的1/4。而金普新区以南的主城区，人均水资源占有量仅为200立方米，远不能满足城市发展和人民生活的需要。

受地形地貌影响，大连地区河流水短流急，不仅水资源总量不足、时空分布不均，而且缺乏蓄水条件。为解决城市供水难题，大连市曾在周边地区修建了一批供水工程，但水量不足。只有到更远的地方寻求稳定水源，实施长距离引水，才能解决大连城市供水难题。

碧流河位于辽东半岛中部，全长156千米，流域面积2814平方千米，多年平均径流量6.14亿立方米，是大连地区第一大河，也是少数有余水可调的河流之一。河流高程高于大连地面，具备自流引水条件。只是两者之间相距160余千米，中间隔着诸多山岭，无论是兴建水库还是输水渠道均有较大难度。

1972年春夏之间，大连遭遇空前旱灾。

1973年7月，周恩来总理陪同外宾访问大连，向时任旅大警备区司令员、旅大市委第一书记、市革委会主任刘德才提问："大连发展的最大障碍是什么？"刘德才答："水，这是大连的经济命脉。"周总理又问：

刘德才与周总理照片　　图片来源：大连新闻网

"附近有没有河流可以利用？"刘德才答："有，碧流河，每年流向大海的水10多亿立方米。"周总理说："水是个大问题，关系着群众的生活和经济的发展，你们应当论证一下，可不可以修个水库，把水引进大连。"

在周总理的关怀下，引碧入连工程终于从幕后走向前台。

【建设历程】

碧流河水库不仅是引碧入连工程的水源地，还在此后的引大（大伙房水库）入连工程中发挥节点作用。它的规划设计及建设管理，走过了不平凡的历程。

一、引碧入连工程的研究与审批

早在1958年，旅大市（大连市前身）就考虑将碧流河水引入大连，还成立了旅大市水源工程委员会，提出了"两库一渠"规划，计划开发碧流河水源，以灌溉农田和供给城市。后因国家经济暂时困难而停止。

1973年3月，旅大市委召开专门会议，决定兴建碧流河水库，从根本上解决大连城市居民用水和工农业用水的难题。同年7月，刘德才将军向周恩来总理汇报引碧入连工程构想，得到总理支持。

1974年8月和1975年4月，水电部和国家计委先后批准大连市政府上报的《碧流河水库及引水工程初步设计方案》。

二、碧流河工程建设

1975年6月8日，刘德才将军主持工程誓师大会，进行全市总动员。

1975年10月25日，会战指挥部在工地召开誓师大会，碧流河水库主体工程正式开工。

1976年5月，开始浇筑混凝土。

1982年9月13日，实现截流。

1983年8月26日，实现底孔下闸蓄水。

1983年12月27日，实现试通水。

1984年3月，正式向大连城区供水。

1985年12月14日，主体工程基本完成。

1986年11月28日，工程竣工，正式交付使用。

三、引碧入连工程

伴随着碧流河水库的建设，1981—1997年，大连市相继完成三期引碧入连供水工程。

一期工程：1981年开工建设，1983年底完工，1984年3月开始向大连市供水。受资金及技术条件限制，当时还不能做到水库向市区直接输水。因此，工程采取应急办法。先将碧流河水库水通过13.5千米长的管道经两次加压后，送入刘大水库；再经53千米的大沙河河道，通过提升泵站提水至洼子店水库；最后再经过两次加压送水至市内各净水厂。

二期工程：1988年4月开工建设，1989年底完工。使工程日供水能力由38万立方米提高到60万立方米。

三期工程：1992年12月开工建设，1997年10月完工。使工程最大供水能力再提升一倍，至120万立方米每日。三期工程总投资为30亿元人民币，其中利用亚行贷款1.6亿美元。

【工程简介】

一、工程概况

碧流河水库枢纽工程包括主坝、3座副坝、3处泄水建筑物（溢洪道、输水洞、放水底孔）及坝后式水电站。

主坝全长708.5米，最大坝高53.5米，其中位于中部的混凝土重力坝，坝顶宽10.5米；左右岸坝顶宽均为7米。

主河槽的重力坝段设置溢洪道及放水孔。其中溢洪道为实用堰，净宽108米，设9孔弧形钢闸门，每孔宽12米，高10.1米，最大泄流量9534立方米每秒。

水电站设有3台机组，总装机容量5250千瓦，设计年发电量2200万千瓦时。发电尾水进入引碧入连三期供水渠道。输水洞为圆形，长35.12米，直径3米，最大过流量 53 立方米每秒。

碧流河电站及引碧入连三期渠首

1 号副坝位于主坝左侧约 500 米，坝长 227 米，最大坝高 21.7 米，坝顶高程 74.7 米，坝顶宽 6 米。

2 号副坝坐落在右岸碧流河支流八家河与董屯河的分水岭上，距主坝约 5 千米，坝长 380 米，最大坝高 9.8 米，坝顶高程 74.3 米（现在由于路面重新铺设，大约高出 0.5 米），坝顶宽 6 米。

3 号副坝位于主坝与 1 号副坝之间，距主坝约 300 米，坝长 53.5 米，坝高 9.8 米。

二、工程特色

碧流河水库工程规模虽然不大，却包括了 5 种坝型。这 5 种坝型分别为：①混凝土重力坝，位于主河道；②沥青混凝土心墙砂砾坝，位于主坝左岸；③沥青混凝土心墙堆石坝，位于主坝右岸及 3 号副坝；④黏土心墙坝，位于 1 号副坝；⑤风化砂均质坝，位于 2 号副坝。

708.5 米长的主坝，从左到右分为 3 种不同坝型；3 座副坝采用了完全不同的 3 种坝型，这在全国水利工程中极为罕见。

复杂坝型的背后，是极其艰难的施工条件、极为艰苦的施工环境和精益求精的科学精神。

三、工程效益

碧流河水库是以供水为主，兼有防洪、发电、灌溉、养殖等综合效益的大（2）型水利枢纽，在40多年的建设与运行过程中，充分发挥各项效益，为大连市经济社会高质量发展做出了重大贡献。

1. 供水与灌溉效益

作为大连市最大的水源地，碧流河水库长年承担向全市输水的任务，截至2022年，累计向大连供水98亿立方米，预计2023年末，供水总量将超过100亿立方米，极大地缓解了大连城区居民饮水困难。同时可灌溉沿程农田，极大地提高了粮食及经济作物产量，为农村发展、农业增产和农民增收提供了条件。

2. 防洪效益

水库集水面积2085平方千米，设计最大库容量9.34亿立方米，正常蓄水量7.14亿立方米。水库按500年一遇洪水设计，万年一遇洪水校核。可使下游城子坦街道防洪标准由三年一遇提高到十年一遇。建库以来，水库多次拦截规模以上大洪水，确保了广大人民的生命财产安全。

3. 发电效益

水电站装机3台，总装机容量5250千瓦，设计年发电量2200万千瓦时，可为周边地区提供清洁电力。

4. 养殖效益

渔获满满

碧流河水库水质优良，拥有养鱼水面5.3万亩，养殖鱼类35种，包含鲤鱼、鲫鱼、鲶鱼、青鱼、草鱼、鲢鱼、大银鱼等。多年来，碧流河水库有限公司致力于发展"保水渔业"，通过合理放养和科学捕捞，以鱼治水，以鱼净水，用鱼类调节水体生态平衡。水库年均捕捞商品鱼数千吨,成为远近闻名的淡水鱼生产基地。

5. 旅游效益

碧流河水库风景区建筑宏伟,景色壮观。水库群山环抱,风光秀丽,空气清新。浑厚雄伟的水库大坝、飞流直下的瀑布、捕鱼撒网的渔船,以及迎风屹立在水库大坝上的纪念碑,汇成一幅动人的山水图画,令人赏心悦目,美不胜收。多年来,碧流河水库以其迷人的风景吸引万千游人,成为远近闻名的水上游览、垂钓胜地。据统计,碧流河水库每年接待国内外游客2万人次。

四、工程荣誉

碧流河水库先后被评为国家级水利风景区、大连市职工特色文化示范基地、大连市花园式建设单位。碧流河水库已成为大连地区爱国主义教育、节水警示教育、水生态安全保护教育、大中专院校产学研实践教学基地。

工程管理单位——碧流河水库有限公司先后荣获国家一级水利工程管理单位、全国水利文明单位、辽宁省及大连市文明单位等称号。

【文化解读】

碧流河水库不仅是大连市重要的城市水源和引碧入连工程的水源,也是此后引大入连输水工程的重要节点,在它身上,浓缩了大连城市供水的百年历程,凝聚了大连人民对水的祈盼和找水、治水的努力,是特殊时期全市人民用心血、智慧筑成的巍峨丰碑,具有极为鲜明的文化特色。

一、历史悠久的供水传统

大连城市供水的历史非常久远。早在100多年前,大连人就迈开了找水之路,并历经了四个较大阶段。

1. 晚清时期的艰难起步

1879年,清政府为了加强渤海湾的防务,在旅顺北郊水师营八里村开始修建龙引泉引水工程。此举开创了中国城市供水事业的先河,使旅顺口成为中国近代第一个具有自来水设施的地区。

2. 日俄殖民统治时期的漫漫长夜

1894年后，沙俄、日本相继占领旅顺，为了满足军队和居民需求，殖民者在开发新水源的同时，还对龙引泉原有的供水系统进行多次改建、扩建，延长各类集水隧道近1400米，新增直径250毫米的输水管道3600多米，使其供水量有大幅度增加。

但此时大连地区的自来水资源几乎全被殖民者霸占，劳苦大众用水仍极为困难。直到1945年后，大连市各水厂的供水量才达到6万立方米。到1949年，为8万立方米，供水人口达到52万，用水普及率提高到73%。

3. 新中国成立后的厚积薄发

1951年，周恩来总理到大连察看了大西山水库、广和街配水池和台山水厂，指示要兴建玉旅线给水工程。同年，成立旅大水道公司（大连市自来水集团有限公司前身）。

1958年，旅大市成立了水源工程委员会，提出了"两库一渠"规划。1975—1985年，大连人经过十年奋战，终于建成碧流河水库，城市供水谱写新的一页。

4. 改革开放以来的高速发展

改革开放后，大连供水步入快车道，从1981年开始，几乎5年一步的节奏，先后开展了引碧入连三期工程、引英入连应急供水二期工程和引大入连工程，共计6期供水。供水区域愈加宽广，水源愈加丰沛，水质不断提高。碧流河水库也在这个不断扩大的供水网络中发挥了重要作用。

二、艰苦卓绝的创业历程

碧流河水库建设于"文革"后期到改革开放前期，急剧变化的形势使得工程的决策与建设十分困难。

碧流河水库工程决策于"文革"中后期，受"左"倾思想影响，工程规划、设计工作屡屡受挫，技术人员受到批判，一度困难重重。刘德才将军高瞻远瞩、审时度势，不仅组建专班，开展技术革命，还主动为民请命，最终力推工程上马。

工程开工时，我国的国民经济极其困难，各级财政捉襟见肘，工程建设能够得到的中央补助较少，主要建设资金、机械均由大连人自己解决。

据《碧流河水库志》记载，1975年工程开工时，工地条件异常艰苦，劳动强度也非常高，到现场参加会战的有辽建二团、旅大市第一建筑工程公司、第二建筑工程公司及新金县、庄河县、复县、金县、旅顺口区、甘井子区各民兵团和解放军驻连部队人员，共计21166人。他们依照军事化管理的要求，住在四面透风的简易房或帐篷里，吃着非常简单的伙食。但大家精神焕发，每天按时出操，按时出工，沸腾的工地到处红旗飘扬、歌声嘹亮、生机勃勃。

大连市的老领导们为水库的建设而谋划、操劳、呕心沥血。指挥部成员坚守工地，与广大建设者同吃同劳动，攻克一个个难题。大连市所属各县、区组织成阵容强大的民兵团，吃的是粗粮咸菜，住的是芦席窝棚，但以军事化管理和高昂的作风投入十年工程建设。旅大驻军部队经上级批准，常年保持一个团以上的兵力轮流参加施工会战，并承担最为急难险重的施工任务。数万名库区民众顾全大局，向外搬迁，让世代居住的家乡及祖先的坟茔永沉水底。

整整十年，位于新金县（今普兰店区）双塔镇和庄河县荷花山乡的几条山沟里，擂响了建设水库大坝的战鼓，掀起了工地会战竞赛的高潮。十余载风霜雨雪，十余载酷暑严寒，数万名建设大军不畏艰苦、不怕困难、日夜苦战，表现出一种大无畏的英雄气概。

更让人难忘的是，在水库建设期间，有17名建设者以身殉职，没有看到水库大坝的雄姿，也没有喝到一口纯净甘甜的清水。在水库大坝东侧的一个山头上，矗立着一座"碧流河水库纪念碑"，碑文令人感慨万千。

碧流河水库纪念碑

三、精益求精的科学精神

碧流河水库开工建设的20世纪70年代中期，是我国水利建设的多事之秋。

工程建设前，与库区近在咫尺的海城暴发7级以上大地震，对工程基础造成了直接损害；淮河流域突发的"75·8"大洪水，给全国水坝建设敲响了警钟。工程开工不久，即遭遇唐山大地震。因此，碧流河水库建设真有些"生不逢时"，从一开始就面临重重技术难题。工程参建各方齐心协力，以精益求精的科学精神，攻克了诸多技术难题，终使工程由设想变成现实。

在工程初步设计时，为确保工程强度，大连市决定在主坝及3座副坝全部采用混凝土重力坝。但水电部在1974年经实地调研，发现两岸断层和基岩风化较为严重，难以承受重力坝的重量，因此要求减轻坝重，主张在主坝两岸及副坝地段修建土坝或当地材料坝。

在副坝修建土坝问题不大，但在主坝中间采用混凝土重力坝的同时，在两岸建土坝，存在两种坝型安全连接的难题；在地震频繁且国内水坝出事较多的当时，这更令人十分担心。如何能找到一种全新坝型，比混凝土轻，而比黏土可塑性大、强度高，成为当务之急。

也正是此时，有人通过查阅资料，发现国外发明了沥青混凝土心墙筑坝技术。它通过在土石坝体中部设置沥青混凝土墙的方式达到防渗目的，正好比土坝可塑性大、抗变形能力好、强度高；比混凝土重力坝重量轻，而且其施工不受天气影响，速度快，成本低，非常适合碧流河工程。因此得到了各方认可。

但该技术在国际上还是新生事物，在国内更无先例。为确保工程安全，有关方面采取了积极而又慎重的态度，对该技术开展全国性的科研、试验。如先后委托辽宁省水科所、南京水科所进行常规试验，委托大连工学院进行动三轴试验，委托中国水科院进行抗拉弹性模量试验，委托新疆八一农学院（今新疆农业大学）进行大三轴、长期大三轴及砂砾料湿化变形试验。还两次委托大连工学院进行左岸联接段、土坝震动试验，配合原华东水利学院对土坝进行非线性有限元计算。为了与理论计算对比，还在沥青混凝土心墙内埋设了观测仪器观测心墙的温度、应力、位移等。这些试验研究不仅为该工程解决了问题，还为之后国内设计沥青混凝土心墙坝提供了可贵的经验。

与此同时，建设者还将规模最小、离主坝最近的3号副坝作为沥青混凝土技术的试验坝，此外在另两座副坝上进行既定的黏土心墙坝和风化砂均质坝施工，并以其结果与3号副坝进行比照。

经过一段时间的探索，国家最终做出决策——在大坝中部，地质条件较好的河床段修筑混凝土重力坝，在两侧地势稍差处修筑沥青混凝土心墙坝。

在主坝建设过程中，建设者再接再厉，对沥青混凝土施工技术进行优化，确定在布设电站和引水建筑物的右岸修筑重量较大、但防冲性能较好的堆石坝，在没有重要建筑物的左岸布设重量较轻、对地基影响更小的砂砾坝，从而最大限度地兼顾工程的效益与安全。

这样，碧流河水库就有了5种不同的坝型，其中主坝就采用了3种，3座副坝的坝型也各不相同。

碧流河工程在国内首开沥青混凝土心墙坝研究的先河，其研究成果也广泛应用于我国此后诸多水利工程中。该技术先后获得辽宁省政府进步一等奖、国家科技进步三等奖，并被收入《中国科技成果大全》一书。工程也因此获得国家优秀设计奖以及辽宁水电厅枢纽工程优秀施工奖等。

如今，浇筑上混凝土外壳后，碧流河主坝各坝型在外观上已没有任何差别，但建设者们为它付出的心血不应被遗忘。

四、绿水青山的生态理念

碧流河水库不仅是水利工程，也是一项重要的生态工程。工程建成后，工程管理者在确保防洪与供水安全的前提下，对工程区的生态环境进行了综合整治。在新时期，他们又始终牢记习近平总书记"绿水青山就是金山银山"的嘱托，学习实践"节水优先、空间均衡、系统治理、两手发力"的治水思路，依托"水、电、鱼、游、供、养"六大要素，通过"软硬件"建设和三产融合发展战略，将碧流河水库建设成为大连市乃至辽宁省最优质的饮用水源地，也使大连市跻身"全国十大优秀饮用水城市"之列。

五、"乐人思水"的哲学理念

在长期的建设与管理实践中，碧流河水库形成了"乐人思水"的哲学理念，并将其与中央倡导的社会主义核心价值观、五大发展理念等紧密联系起来，成为全体员工的共同修养。

（一）"乐人思水"与社会主义核心价值观

碧流河水库有限公司始终倡导"乐人思水"，以此作为培育和践行社会主义核心价值观的有效途径。"乐人思水"的三层含义，与社会主义核心价值观的三个层面一一对应。

1. 在个人层面，"乐人思水"是一种境界

若要人生幸福快乐，必须具备水一样的品格：超然奉献、诚信友善、专注坚韧、笃行不倦。所谓"乐人似水"。

2. 在社会层面，"乐人思水"是一种操守

给别人带来快乐是人生的最大快乐。要像水一样，利万物而不争，处低位而得道，博大包容，公正公平，致和执中，守法制衡。所谓"施水乐人"。

3. 在国家层面，"乐人思水"是一种追求

以"水之道"确立正确的思想方法，谋求国家富强、人民幸福安康乃国之大业。以"水之道"确立正确的思想方法，谋划精彩人生、追求幸福快乐乃人间正道。所谓"思水人乐"。

（二）"乐人思水"与五大发展理念

通过乐人思水，推及"水之五性"，并与五大发展理念联系起来，分别为：

（1）创新如"水之易"，推陈出新、涤浊扬清。

（2）协调如"水之韵"，静柔动刚、致和执中。

（3）绿色如"水之魂"，灵动融容、恒远中庸。

（4）开放如"水之为"，兼收并蓄、博大包容。

（5）共享如"水之道"，达济天下、正义公平。

（三）"乐人思水"与"三水方略""七水效应""人水和谐"

三水方略：立足于以水为根本的供水保障系统、投身于以水为资源的市场运作体系、昂首在以水为主题的文化创意平台。

七水效应：打造碧流河水库工程与水文化融合样本，实现水文化、水生态、水经济、水配置、水安全、水智慧、水效率的全面发展。

人水和谐：自由如水，快乐流淌。上善若水，幸福荡漾。清明似水，绿色阳光。乐人思水，平等共享。

【水文化建设】

碧流河水库始终秉承"一流水源,一流管理,一流服务,一流效益"的管理理念,以水工程为载体,以水文化为灵魂,全面推进水文化建设。在工程管理、精神文明建设、生态安全建设、人文关怀、安全组织管理以及人居文化理念方面,广泛融合水文化内涵,注入水文化成分,大大提高了碧流河水库的水文化含量,实现了人水和谐、道法自然的上善若水理念。

一、硬件建设

多年来,碧流河水库有限公司高度重视水文化硬件建设,投入大量人力、物力、财力进行文化园区建设。在碧流河水库大坝及管理区打造了一条碧水文化长廊,建成了以"一馆一梦一诗墙,二赋四园三广场"为主体的水文化园区。

1. 一馆——大连碧水文化展示馆

位于大坝上游右岸,总建筑面积约 500 平方米。馆内有碧流河水库流域沙盘。以图文并茂的形式展示了大连城市供水的百年历程、碧流河水库发展历程,可全面领略碧流河厚重的历史文化、碧流河水库建设史以及大连市 140 年的城市供水及水文化发展史。

大连碧水文化展示馆

2. 一梦——《大连水之梦》

位于主坝西侧广场,为一块长 5.6 米、高 1.94 米的花岗岩,上面用红漆镌刻正楷书写的《大连水之梦》。其开篇为"梦由心生,可以美好、壮丽、神奇、轻灵。梦可成真,需要坚持、执着、毅力、激情。大连水之梦,就是深藏在大连人心中多年不变的梦萦……"。

3. 一诗墙——水诗墙

位于主坝东侧广场，长6.63米，高2米，上面以红漆书写与水相关的诸多诗句。这些诗作从自然之水到哲学之水，描述九级十三态、七善九德、水之五性、水与五大发展理念、水与价值观，再到大连水，包含大连全市的主要河流、湖泊与水库。

4. 二赋——《大连水赋》与《碧流河赋》

在园区立有两块大石。其中一块长5.9米，高1.94米，上面镌刻着大连市水务集团原党委书记、董事长郎连和撰写的《大连水赋》，记述了大连人对水的期盼。其赋云："辽南之端，流水经年。云蒸半岛，海纳百川。浩浩然！大连水系，地阔辽源。冰峪流觞、辐射方圆。碧流放歌，圆润甘甜……大水世界，始起大连。幽幽水韵，风月无边。天有千千人至上，地生万物水为先。"

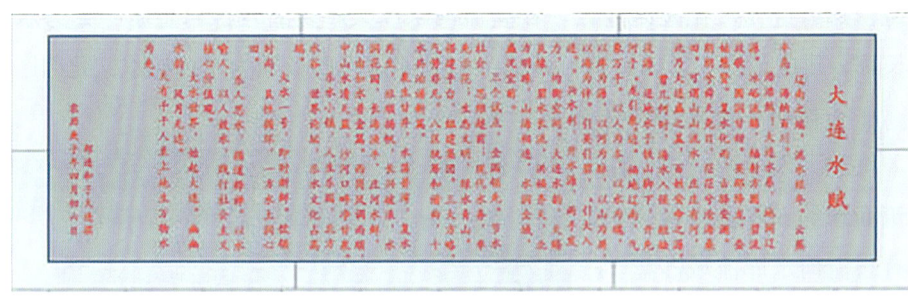

大连水赋

另一块巨石长15米，高6米，镌刻着《碧流河赋》，以传神的文笔描绘了碧流河水库的建设历程及其历史贡献。其赋云："古千山訇然隆起，蕴碧水而胜辽东。溪流百汇长河入海，日月两轮气贯长虹。浩浩哉！碧流河，一泉既出，万壑葱茏……好一幅壮丽画卷，此乃碧流河厚德宽容，功德无量，善人善水至胜者也。"

5. 四园——乐园、人园、思园、水园

在管理区内，碧流河水库有限公司别具匠心地建设了相对独立而又互相关联的四处文化园林，表达了碧流河人乐水、爱水、思水的情怀，以及对保护优质水源的不懈追求。

（1）乐园：即水上乐园，位于大坝下游，占地约26万平方米，沿河建成旅游步道，种植草坪、林木，可供游人开展水上游乐活动，野炊、钓鱼、漫步、戏水。荡舟于青山绿水之间，寻觅乐人思水之境界，充分体现亲水文化之魅力。

（2）人园：邻近碧流河建设者雕塑，面积近1000平方米，为椭圆形纪念碑广场，广场布设2020年水利部公布的中国水利历史12位治水名人雕像，分别为大禹、孙叔敖、西门豹、李冰、王景、马臻、姜师道、苏轼、郭守敬、潘季驯、林则徐、李仪祉等，充分体现施水人乐，传承治水先辈的经验与智慧。

碧流河四园

（3）思园：位于水库管理区内，近2000平方米。通过宣传社会主义核心价值观、五大发展理念、清廉文化，对广大职工加强思想教育和水文化学习，使之秉承"乐人思水"。

（4）水园：位于大坝上游右岸，占地2000平方米，包括碧水文化展示馆和观景台等，直观历史，直观库区的绿水青山。

6. 三广场——"水之道""水之为""水之魂"广场

在纪念园区的三个重点节点，分别布置三个广场。

（1）"水之道"广场：位于管理区南侧，现状为绿化区，面积1.3万平方米。区域内布设宣传画、宣传标语，展现传统水文化，充分阐释"上善若水、智者乐水、乐人思水"的水哲学理念和"节水优先、空间均衡、系统治理、两手发力"的新时代治水方略。以水之道，确立思想方法，谋划精彩人生。

碧流河三广场

（2）"水之为"广场：位于右坝肩，面积2000平方米，以宣传板、展示牌、石墙等方式，展示"乐人思水"中的九级十三态、水与人生规划、理想真世界。启发人们学习、体会水文化，深入思考水文化与自身发展，以"水之为"规范行为操守，成就宏伟事业。

（3）"水之魂"广场：位于左坝肩，占地1.1万平方米。通过浏览水诗墙，体会、学习水文化，以"水之魂"提升修为境界，追求幸福快乐。

二、软件建设

在新时期，碧流河水库有限公司运筹帷幄，创新制定了全域一体、二元共治、三大方略、四大方位、五大板块、六大集团、七水效应、八区统筹、九大体系、十水共治的总体文化发展战略。努力走出一条"在绿水青山中打造金山银山"的发展新路，将大连打造成为"城水相依、人水相亲""水润全域、富足美丽、人水和谐、浪漫宜居"的具有北方沿海特色的水务现代化城市。

全域一体：在大连市内遵循水资源管理"全域一体化战略"，实施"一龙管水"，全域覆盖。

二元共治：即城乡二元统筹发展。结合全域城市化发展战略，推进基础设施和公共设施向镇、乡、村延伸，实现自来水全覆盖，将农村原有集中供水工程作为备用水源。

三大方略：一是立足于以水为根本的基础保障系统。二是合理布局，坚持长线与短线相结合的方针，做好资产确权和大水世界，九龙乐水小镇等长线项目，启动"大水一号"等短平快项目，开拓水务市场。三是投身于以水为资源的市场运作体系，昂首在以水为主题的文化创建平台。

四大方位：立足大连、辐射东北、面向全国、走向世界。

五大板块：供排水一体化的运营商、水务领域投资商、水务工程建设提供商、水务产品研发商、水务多元化经营商。

六大集团：水资源管理集团、供排水集团、水务投融资集团、水务工程建设集团、水务研发集团、水务综合经营集团。

七水效应：在水生态方面，创建一个文明生态、健康循环的美丽家园，实现水资源的自洁、更新和再利用，打造风景宜人的滨水风景区，打响生态品牌。

在水配置方面，构建一个内外水系连通、多时空联调的水资源配置格局，从而提高水安全保障，充分发挥水资源配置作用。在水智慧方面，通过在线监测设备感知城市供排水系统，可将海量水务信息进行及时分析与处理，并得到相应的处理结果辅助决策。在水文化方面，开创繁荣文明的水文化，形成一个内涵丰富、水脉相承的亲水文化，展现自然内涵、人文内涵和历史内涵。在水经济方面，展现一幅以治水为突破口、推动经济转型升级的现代水经济蓝图，努力走出一条"在青山绿水中打造金山银山"的发展之路。在水安全方面，构筑一个防避结合、蓄泄兼筹的防洪安全体系，提高区域蓄洪防洪能力，延长雨水到河流的产流时间，合理分配雨水资源。在水效率方面，提升节水型社会建设水平，建立水银行，实行最严格的水资源管理制度，实行总量控制和定额管理。

八区统筹：将碧流河引水所涉的八个区域进行统筹安排，实现以水上旅顺、莲城水郡普兰店、复水再生瓦房店、海绵庄河、海水优化养生岛、自由如水新区、蓝湾长兴岛、水中花园口为标志的水资源统筹管理。

九大体系：着力构筑供排水、直饮水、水饮品、水生态、水文化、水安全体系、水配置、再生水回用和智慧水务九大体系。

十水共治：对库区所涉及的引水、原水、制水、供水、排水、污水、雨水、地下水、中水、海水等十类水体进行综合治理。如在部分区域试点海绵城市建设，最大限度地实现雨水在城市区域积存、渗透和净化。战略性开展中水供水管网建设工程，提高中水利用的便利性，探索海水淡化技术，将海水淡化作为新增水源和城市供水战略储备水源，提高特枯水年的供水保障。地下水利用方面，在生态脆弱区域，严格保护；在应急水源地区，限制开采；在有开发潜力区域，合理开采；在海水入侵区域，设置截潜工程回补地下水。

【延伸阅读】

● 碧流河悠久的历史文化

碧流河水库地处辽东半岛中部，为我国多民族混居地区，拥有丰富而悠远的历史文化与民族文化。1975年建库前夕，有关部门在库区庄河县桂云花满族乡发现大量古币。其中就有燕国刀币、布币，足以证明早在春秋战国时期，燕国的边民就在此地活动。同时发现了汉昭帝五铢钱、新莽五泉币，以及宋代的熙宁重宝、元祐通宝、政和重宝、元丰通宝、天盛元宝、崇宁重宝、崇宁通宝等，可见两汉至唐宋年间这里的经济发展与全国性的文化交流。自15世纪起，满汉人民在此滋生繁衍，为碧流河库区积淀了极具满族风情的服装、饮食，以及新金民歌、东北二人转、大秧歌、高跷、庄河剪纸等独具民族特色的非物质文化遗产，用最古老的方式祈盼风调雨顺、五谷丰登、天下太平。

● **龙引泉——我国第一个城市供水系统**

龙引泉位于大连市旅顺区水师营街道三八里村，是中国最早的城市供水工程之一，也是大连城市供水最早的水源。

据龙引泉碑碑文记载："旅顺口为北洋重镇，历年奉旨筹办炮台、船坞，驻设海军、陆师合营局兵匠等，设备机厂水雷营电池及来往兵船，日需食用淡水甚多"，但附近的井水"非水味带咸即泉脉不旺"，而龙引泉则"其水甚旺，历旱不涸，但分其半足供口、水陆营局食用需要"。为此，时任清廷北洋大臣的李鸿章于1879年投入巨资"凿石引泉"。

龙引泉

龙引泉水源工程分两阶段施工：第一阶段修集水池一座，建隧道728米，打井18眼，铺设铸铁管道6810米，于1882年将水引到旅顺港；第二阶段为1882—1888年，包括在港内修建两座水库，铺设8352米分水管，安装18台取水机器。工程日供水量达1500立方米，除供军港、医院用水外，也向城市居民供水。沙俄、日本占领旅顺期间，曾对龙引泉供水系统进行多次改建、扩建。直到20世纪末，引碧入连、引英入连水源工程竣工后，龙引泉引水工程方才退出历史舞台。

龙引泉引水工程与上海的杨树浦水厂（修建于1881—1883年）相比，开工稍早，建成稍晚，两者一南一北，共同开创了我国城市供水事业的先河。

● **让大连人喝上了碧流河水的开国将军刘德才**

刘德才，1917年12月生，陕西三原人，1935年参加革命，先后参加抗日战争、解放战争、抗美援朝战争，1964年晋升为少将军衔。在担任沈阳军区副司令员兼旅大市警备区司令员、旅大市委第一书记、市革委会主任期间，刘德才将军组织专班查勘了引碧入连工程，并在1973年向周恩来总理汇报此事，获得认可。工程开工后，他又长期驻守工地，解决工程建设中出现的各种难题。作为让大连人喝上碧流河水的开国将军，刘德才深受大连人民的爱戴。1986年9月30日，碧流河工程通水前夕，刘德才将军因病于沈阳病逝，大连人民派出了数百人的代表前往吊唁。

刘德才

● **引碧入连升级版——引英入连与引大入连**

引英入连应急供水工程起于英那河水库左坝下输水洞，止于普兰店市洼子店受水池，全长114.5千米。它将英那河水引入大连，可视作引碧入连的升级版。它分为输水工程和英那河水库扩建工程。工程建设使英那河水库正常蓄水位由61.7米升至79.1米，总库容由6050万立方米增至2.87亿立方米，实现输水能力58万立方米每日。每年可向大连供水2亿立方米，并可保证下游农业灌溉用水。

引大入连工程全称为大伙房水库输水入连工程。起点位于鞍山市与辽阳市交界的大伙房水库输水二期工程鞍山泵站，终点位于瓦房店市东风水库附近的高位水池，全长222.17千米。途经辽阳、鞍山、营口和大连4个城市，45个乡镇（街道），135个行政村。设计输水能力为每年3亿立方米，设计供水保证率为95%。

引大入连工程于2009年5月开工，2014年9月全线通水。创下大连市水利建设史上工程投资最大、施工战线最长、施工内容最复杂、工程质量要求最高、动迁规模最大的多项"之最"。

（本文照片除署名外，均由大连市碧流河水库管理局提供）

唐正闸水利风景区航拍

2 唐徕渠首唐正闸

【概述】

唐正闸位于宁夏回族自治区青铜峡市，是宁夏引黄灌区唐徕渠的渠首，也是宁夏境内修建的第一座控制性输水闸门。700多年来，唐正闸历经风雨，屹立不倒，成为引黄灌溉重要的"水龙头"。新中国成立后，它又与潜坝共同构成河西总干渠渠首。近年来，经过更新改造的唐正闸旧貌换新颜，成为我国著名的国家级水利风景区和宁夏水利精神文明的重要承载体，在水工程和水文化两个维度上均取得了突出的成就。

【兴修缘由】

宁夏位于我国西北内陆，是全国最缺水的省区之一。

根据2020年的《全国水资源公报》，宁夏全年水资源总量为11亿立方米，仅占全国水资源总量（3.16万亿立方米）的三万分之一，在全国31个省级行政区中位居最末。其人均水资源拥有量（153立方米）为全国平均数（2239立方米）的6.8%，仅略高于北京（117立方米）和天津（96立方米），居倒数第三位。

水是生命之源、生产之要、生态之基，在本土水资源严重匮乏的宁夏地区，黄河是最为重要的灌溉水源。因此，早在秦汉时期，先民们就在黄河沿岸开渠引水，灌溉农田，将严重缺水的宁夏打造成阡陌纵横、沃野千里的塞上江南。直到今天，黄河沿岸仍是宁夏经济最发达、人口最集中的区域。自治区所辖的5个地级市，有4个位于黄河岸边；自治区绝大多数人口和GDP出自黄河沿岸地区。

在很长一段时间内，宁夏引黄灌溉处于自流引水状态，导致丰水时节河水漫灌，枯水时节无法可引，灌溉效益大打折扣。如果在渠首位置设置水闸，调节水位、水量，就能提高灌溉效率，同时还有一定的防洪作用。但由于黄河水含沙量大，在渠道内设闸必须解决较为复杂的水力学和土力学难题，也对当地的经济实力和各级政府的管理能力有较高要求。隋唐时期，我国的水工技术尚不发达；到了宋代，水工技术虽有进步，但宁夏所属的西夏王朝财力有限，均不具备建闸条件。直到蒙古政权消灭夏、金，统一我国北方后，在引黄渠道上设闸条件才最终成熟。唐徕渠也因其在宁夏灌区中的重要地位，被确定为最早设闸的渠道。

【建设历程】

唐正闸的最早雏形，是1265年郭守敬在主持修复被战争毁坏的宁夏引黄灌区时，在唐徕渠上建造的简易木闸，它以人工插杠的方式控制引水流量，实现了宁夏引黄灌区控制性涵闸零的突破。

此后的700年间，各级政府均组织民力对唐正闸进行过整险加固。其中比较重要的有以下几次。

明成化六年（1470年），以右副都御史巡抚宁夏的张鎣在夯实银川城墙的同时，对唐正闸进行了整修加固，使唐徕渠可灌溉的农田达到七百余顷。

明隆庆六年（1572年），宁夏佥事汪文辉率领百姓奋战数年，将汉延、唐徕二渠进水闸的闸墩由木制改为石制，并且"上跨以桥，桥上穿廊轩宇，可谓塞上一奇观"，让唐正闸第一次实现了水工程、水景观与水文化的有机融合。

清顺治十五年（1658年）、康熙四十八年（1709年）、雍正九年（1731年）、乾隆四年（1739年）及四十二年（1777年），以及民国十六年（1927年），宁夏人民对唐徕渠进行了大规模疏浚，唐正闸也在此期间多次加固、维修。

1936年唐徕渠正闸旧貌　　　　蒲飞　摄
图片来源：宁夏日报客户端

1952年，成立不久的新中国就对唐正闸进行了一次重大改造，即将闸墩由块石改为浆砌石，在不加宽闸身的前提下，使闸门数量由4孔扩为6孔。1976年，青铜峡建成通水，大清渠接入唐徕渠灌区后，唐正闸再次扩建，由6孔扩大为10孔。

更新改造前的唐正闸

2013年，宁夏回族自治区向上争取资金，实施病险水闸除险加固改造项目，对唐正闸及其上游的潜坝、西干渠进水闸等进行了更新改造。古老的唐正闸由此焕发新的生机。

更新改造后的唐正闸

【工程简介】

一、工程概况

更新改造后的唐正闸为3等中型工程，3级水工建筑物。整体开敞式钢筋混凝土结构。共设10孔，其中唐徕渠8孔，单孔净宽3米、高3.5米，闸门尺寸为3.0米×3.7米；大清渠2孔，单孔净宽3米、高3米，闸门尺寸为3.0米×3.2米。设计流量120立方米每秒，其中唐徕渠103立方米每秒，大清渠17立方米每秒；加大流量150立方米每秒，其中唐徕渠127立方米每秒，大清渠23立方米每秒。

闸墩上部启闭机操作平台为整体现浇框架式结构，仿汉唐风格。

二、工程效益

1. 灌溉效益

在历史上，唐正闸是唐徕渠的控制闸。青铜峡水利枢纽建成后，同时向大清渠供水。同时，它还与潜坝联合，形成河西总干渠的渠首，影响范围遍及西干渠、惠农渠、汉延渠等六大干渠，覆盖整个宁夏河西地区。

2. 防洪效益

唐正闸旱则开闸引水入口，涝则关闭闸门。再加上有关部门对渠道进行清淤疏浚，具有一定的防洪作用。

3. 生态效益与社会效益

随着宁夏河西地区社会经济发展，唐正闸逐步从单纯的灌溉闸发展为集农田灌溉、生态补水、景观休闲于一体的重要水利设施。唐正闸（潜坝）国家级水利风景区也逐步成为宁夏河西地区重要的水上生命线、环保线、旅游线，成为塞上湖城的美丽画卷，也成为青铜峡及吴忠市民惬意休闲、锻炼活动的场所，并与青铜峡水利枢纽共同形成黄河两岸条状开放式的自然生态滨水公园。

三、工程荣誉

2004年，唐正闸水利风景区被水利部命名为"国家级水利风景区"。2017年，作为宁夏引黄古灌区灌溉工程遗产的一部分，入选世界灌溉遗产。先后被命名为"全国水利文明单位""全国节水教育基地"，被宁夏回族自治区评为"自治区文明单位""爱国主义教育基地"，是自治区党校和吴忠市党校教学点，被西北民族大学和宁夏大学列为教学实习基地。曾多次接待党和国家领导人，以及国内外参观、学习、考察、旅游的团体和个人。

2021年，唐正闸水利风景区被自治区列为党史学习教育参观点，是全区水利系统唯一获此殊荣的单位。

【文化解读】

"天下黄河富宁夏"。2200多年来，勤劳智慧的宁夏儿女开凿出了与都江堰、郑国渠齐名的宁夏引黄灌区，凝聚了悠久、深厚的水利精神和水文化遗产。作为宁夏引黄灌区最为重要的控制闸，唐正闸及周边的风景名胜区浓缩了2000年引黄灌溉的历史，体现了700年宁夏水利的技术进步，具有极为丰富、深刻的文化内涵。

一、唐正闸水利风景区浓缩了宁夏引黄灌溉发展史

唐正闸（潜坝）水利风景区，在短短8千米的范围内，接纳了汉延渠、唐徕渠、大清渠、惠农渠、西干渠及诸多支、斗、毛渠，这些渠道不仅历史悠久，并且几乎在引黄灌溉的每一个高潮时期都出现与之相应的代表渠道，横铺开来覆盖整个河西地区，纵列看来仿佛一部浓缩的引黄灌溉发展史，这在全国尚不多见。

河西总干渠示意图　　　　　　图片来源于网络

1. 秦汉时期的汉延渠

宁夏的引黄灌溉起源于秦汉时期，尤其是汉武帝驱逐匈奴、占据宁夏地区后，从中原地区迁徙大量人员屯垦戍边，兴建了一大批较早的引黄渠道。唐正闸所控制的汉延渠即肇始于此。

汉延渠又名汉源渠，是河西总干渠中历史最为悠久的古代渠道，也是除唐徕渠外，较早建闸控制的渠道。据清代钮廷彩《大修汉渠碑记》记载：它始凿于汉武帝统治年间。从东汉顺帝后历代均有修建。1572年汪文辉在整治唐正闸时，也将汉延渠的木闸改为石闸。它的渠系在近代变化颇大，如1903年和1914年两次上移渠口；1938年与惠农渠、大清渠并口引水；1962年改由唐徕渠头闸的有坝引水。之后历经裁弯取直、除险加固，现干渠长88千米，设计流量70立方米每秒，灌溉面积42.68万亩。

2. 唐代时扩建的唐徕渠

隋唐时期，国家统一，国力强盛，政府对宁夏地区遗留的诸多渠系加以疏浚，唐徕渠成为这些渠道的代表。

唐徕渠又名唐梁渠，习称唐渠。它开凿于秦汉、盛流于隋唐、开拓于西夏、延续于明清、发展于当今，灌溉着今天宁夏整个引黄灌区总灌溉面积1/5以上的土地。

唐徕渠与大清渠

现唐徕渠全长 314 千米，流经青铜峡、永宁、银川、贺兰、平罗、惠农 6 个市县，灌溉着 23 个乡镇、175 个行政村、6 个国营农场的 120 多万亩农田，并补给艾依河、阅海湖、沙湖、星海湖、北塔湖等 20 万亩湖泊湿地水源，占全区湖泊生态补水量的 60%，各主要数据均居宁夏 14 条干渠的首位，享有"塞上乳管"之美誉。

3. 西夏时期的靖房渠

西夏王朝统治宁夏时期，在充分利用既有引黄灌渠的同时，还动用国家力量，在一些灌溉难度较大的地区兴建灌渠。李元昊亲自主持兴建的靖房渠（又称昊王渠）即是其中最重要的一条。

靖房渠起自青铜峡市峡口乡，沿山挖渠长达 150 余千米，经银川市进入平罗境内，最终流到石嘴山市境内，是青铜峡引黄灌区中位置最高、最偏西的一条。它的建成，将原本荒芜的贺兰山区开发为稳产良田，保障了西夏王朝的粮食安全。但因地势高亢，取水不易，到西夏灭亡后就已废弃。现仅有贺兰县、平罗县的一段保存较好，其余大多地段已被开垦成农田。

4. 元明时期的唐正闸

蒙古灭西夏后，宁夏地区的引黄灌区一度被废，直到元世祖继位后，派遣郭守敬等在恢复西夏固有渠道的范上，兴建了唐正闸，让宁夏人首次实现了由储水到控水的改变。明代后又多次维修、加固这些，前面已有记录，这里不再赘述。

5. 清代前期的大清渠与中后期的惠农渠

清代是我国最后一个封建王朝，也是我国人口增加最为快速的时期之一。为养活更多人口，宁夏的引黄灌溉进入又一个高潮期。大清渠和惠农渠也在此时应运而生。

大清渠，初名贺兰渠，为清顺治年间宁夏道管竭忠据民所请开创。是清代初期宁夏摆脱战乱、恢复经济时的重要举措之一。惠农渠，俗称"皇渠"，清雍正四年（1726 年）由工部侍郎通智主持修建，雍正七年（1729 年）五月竣工。这两条渠道建成的历史虽然不长，但其取水口和渠道走向均发生过显著变化。现大清渠全长 23.5 千米，最大引水流量 20 立方米每秒，灌溉面积 6 万亩。惠农渠全长 246 千米，最大引水流量 117 立方米每秒，灌溉面积 115.18 万亩。

6. 新中国归并的河西总干渠和新修的西干渠

新中国成立后，伴随着社会主义现代建设，宁夏的引黄灌溉出现了又一个高潮期，其显著体现在：一是青铜峡水电站的建设，使宁夏有史以来第一次摆脱了无坝引水的被动局面，获得的18米水头使引水灌溉的效益和保障率大大提高。二是对原有较为混乱的渠系进行归并，形成了统一的河西总干渠；开创了宁夏引黄灌溉的全新局面。三是在修复700年前西夏时期靖虏渠的基础上，建成了西干渠，将贺兰山东麓大片土地重新纳入宁夏灌区。

二、唐正闸体现了宁夏工程水利的技术进步

从元末郭守敬兴建算起，唐正闸已经历了700余年的岁月洗礼，在闸墩、闸门及启闭机三大组件方面，均实现了重大跨越，它也见证了我国，尤其是宁夏地区水利工程技术的进步。

1. 闸墩变化

在元代，郭守敬设计的唐正闸为全木结构，闸墩也为原木制作。虽然简单方便，但抗冲能力不足，而且容易朽坏，需要时常更换，闸门运行效率较低。

明隆庆六年（1572年），宁夏佥事汪文辉用率领民众用块石修建唐正闸和汉延闸的闸墩，使唐正闸成为坚固耐用的石闸，因此"岁省薪木力役无数"，这种闸墩从明朝中期一直使用到新中国成立，历时近400年。

新中国成立后，党和国家揭开了我国水利发展的新篇章，在1952年将唐正闸的闸墩由块石改为浆砌石，在极大提高抗冲能力的同时，将闸墩宽度由原来的3米缩小到1米，从而在不改变闸体宽度的情况下，使闸门数量由原来的4孔增加为6孔，灌溉效益大大提高。

2. 闸门变化

在闸门形制上，在新中国成立前，唐正闸一直使用木制闸门，直到20世纪50年代后，改建为平板钢制闸门。其闸门数量也从4孔到6孔，再到10孔。

3. 启闭方式变化

新中国成立前，唐正闸的木制闸门全凭人工启闭，不仅劳动强度极大，而且容易发生安全事故。1952年，唐正闸在安钢制闸门的同时，装置了手摇板牙式启闭机，实现了闸门启闭从手工向机械的初步跨越。1958年，改为电动手摇两用式卷扬式，初步迈入电气化操作的门槛。1976年，青铜峡水库建成通水后，唐正闸安装了门式启闭机，闸门启闭更加灵活方便。

三、唐正闸体现了宁夏现代水利的转型

新时代，以习近平同志为核心的党中央高度重视水利建设，揭开了我国水利大发展大繁荣的序幕。在此期间，我国逐步实现了由传统水利向现代水利，由工程水利向生态水利、民生水利的历史性转型。唐正闸的行管理单位——宁夏回族自治区渠首管理处也顺应时势，贯彻自治区"跳出农业干水利，面向全局谋发展"的治水思路，将服务的触角伸向水环境与水生态领域，使古老的唐正闸充满了青春活力。

一是积极争取水利生态建设、灌区节水改造、水利生态旅游开发政策和资金支持，通过改造一号退水闸、汉惠进水闸、潜坝及西干渠进水闸等一批骨干水利工程设施，逐步夯实了景区的基础设施。二是实施唐徕闸、潜坝渠道水生态整治提升行动，争取河西总干渠水源地清洁型流域治理和潜坝水土保持综合治理项目，拆除项目区泵站4座，治理水土流失面积11.45公顷，充分利用原有树木合理规划，移植补栽了金叶榆、红叶小檗、松树等，做到景区环境春季有花、夏季有水、秋色宜人、冬季长青，有效提升了景区整体形象和品位。三是积极争取项目和投资，努力提升景区水工程与水文化融合品位，实施三闸、唐正闸维修加固改造项目，修缮了景区通智碑亭、接水亭、古柳亭和景区道路，建成以汉惠干渠进水闸为中心的古渠道风光游览、水域休闲区。

现在的总干渠两侧，苍树青林，垂柳依依，水光天色，亭台楼阁，具备生态、游览、休闲、锻炼等多种功能，成为市民惬意休闲、锻炼活动的场所和典型的条状开放式的自然生态滨水公园。

【水文化建设】

在水工程与水生态、水环境有机融合的同时，宁夏水利厅和渠首管理处还高度重视文化建设，将文化自信的理念贯穿于工程建设与管理的各个方面。在深入挖掘本地水文化资源的基础上，以传承弘扬宁夏引黄精神为己任，以打造高质量的水利风景名胜区为抓手，坚持硬件建设和软件建设两手抓、两手硬，使唐正闸的水文化建设不断深入进行。

一、硬件建设

打造国家级水利风景区,是宁夏水利厅及渠首管理处加强唐正闸(潜坝)水文化硬件建设的突出表现形式。

唐正闸(潜坝)水利区,上起青铜峡水利枢纽,下至唐正闸,长约 6 千米,占地面积近 1 平方千米。在此范围内,集中分布着唐徕渠、汉延渠、大清渠等古渠道,唐正闸、汉惠闸、潜坝闸等古水闸,同时还有唐代镇河牛、明代石狮、清朝通智碑等涉水重要历史纪念物。这是唐正闸(潜坝)独特的历史及景观资源,渠首管理处高度重视、高屋建瓴,对其进行科学规划,使古老的唐正闸及引黄灌溉文化得到极大弘扬。

(一)景区规划

渠首管理处按照以人为本、因地制宜、统筹兼顾、讲求效益的原则,确定了水利游览观光与节水宣传教育相结合、灌溉与灌区农耕文化展示相结合、管理现代化与古老水文化相结合、建设与保护相结合的"四结合"规划方案。在沿唐正闸到潜坝河西总干渠两岸建成游览观光、主题展示、会议接待、水上休闲娱乐、绿色生态和科技示范 6 个区域,突出了丰富的文化内涵和浓厚的水利特色。

1. 旅游观光区

线路从唐正闸到潜坝 3 千米左右渠堤,主要沿线观赏的文化设施主要有镇河牛、清朝通智碑、古老水车等。

2. 主题展示区

主要功能:通过模型和文字图片等实物展示宁夏引黄灌区的水利发展历史,弘扬水文化,展示治水成就。包括水利展示厅、黄河文化博物馆等项目。

3. 会议接待区

主要功能:承接各类大中型会议和接待游客,提供服务保障。依水而建宾馆一处,该宾馆环境娴静,内设餐厅、客房、多功能厅、公务处理厅等,功能齐全,设备完备。

4. 水上休闲娱乐区

主要功能:供游客休闲娱乐。主要活动项目包括划船、游泳、冲浪、垂钓等水上娱乐项目。

5. 绿色生态区

主要功能：供游客观赏和自由采购。主要是利用三闸下游干渠左岸现有农田和滩地，以葡萄种植为重点，发展观光农业，建成绿色生态园区，体现人与自然、人与水和谐相处的绿色生态景观。

6. 科技示范区

主要功能：展示宁夏引黄灌区节水设施及成果。2006年，大坝管理所被水利部命名为"全国节水教育基地"。我们将以此为契机，按照节水灌区建设要求，依托唐正闸西边300亩农田，规划建设节水示范区，包括渠系节水工程、灌区测量水设施、田间节水灌溉模式等项目。

（二）景观设计

依靠水利风光与人文景观和水利文化元素"三个融合"的原则，对景区内的景观做出合理设计。

1. 2000多年的古老渠道

渠首管理处分管河西与河东两大总干渠，共有秦汉以来兴修的各类古渠10多年，其中河东地区的秦渠、汉渠和河西地区的汉延渠、唐徕渠的始建年代均超过2000年，与都江堰、郑国渠并称中国古老的三大水利工程。渠首管理处对其进行重要打造，并制作宣传长廊，为市民们接近古渠提供了条件。

2. 唐代"镇河牛"

现立于唐正闸前左岸。1950年春，在清理唐徕渠时被挖掘出土，在铁牛右耳后刻有"水牛，水牛，水向东流"的字样，据考证，铁牛的作用是防止河流改道，护佑河渠安澜。

3. 明代石狮

现立于大坝水利管理所门前，共两只。雕工细致、生动形象。其中一只曾流失于镇北堡，经多方协调终于物归原主。石狮以威严之势守护着这片古老的土地。

4. 清代通智碑

现立于唐正闸前左岸。此碑筑于雍正九年，碑文记载了雍正年间被民间喻为唐徕、汉延、大清、惠农四大干渠总龙王的工部侍郎通智，奉皇帝旨意与地方官员和百姓开惠农、昌润二渠，复修唐徕、汉延等渠的过程。

唐正闸旁的通智碑

5. 清朝龙王庙

立于正闸前，唐徕渠与西贴渠之间。院门对正闸，与古渠遥相呼应。院内有正殿、配房、四合大院，麻雀虽小，五脏俱全，而且别具特色。为灌区人们祈求风调雨顺、五谷丰登的祭祀场所。

6. 清代大坝营寨

大坝营寨又名"锁阳城"，建于清代，用于驻扎军队，抵御外敌。有坚固的土城墙，周边建有六角汇丰亭、四角翠荫亭、三角望月亭各一座。通过大坝营寨遗址，我们依稀可见全体将士抗击外敌和军民联合开辟渠道的宏伟场景。

7. 接水厅

在大坝营正闸右岸建有L形厅堂一座，砖木结构，四面出厦，名曰"接水厅"。每年春开闸放水时，政府官员及水利要员都会在此举行隆重的放水仪式。直到今天，唐正闸放水仍对宁夏青铜峡灌区具有重要意义。

8. 汉渠碑

现立于唐徕渠闸前左岸渠堤。为清观察使钮廷彩所著，记述了自汉朝司马迁修建汉渠到清朝雍正年间，历经千百年，汉渠的修建情况。

9. 百年古柳

唐徕闸旁两棵古柳树虽木朽心空，但枝叶却依旧繁茂，据有关部门鉴定，此树树龄已逾百年，并被青铜峡保护部门列入古树保护范围。

2013—2014年，在对唐正闸（潜坝）的更新改造中，建设者们不仅为其主建筑披上汉唐风格的"外衣"，还别出心裁地设置了大水车、石碾青龙、镇河龙等雕塑，使其更具文化魅力。

1. 黄河大水车

纯木制成，直径9.9米的黄河大水车，寓意黄河九十九道弯，造型美观、高大雄伟，极具视觉冲击力和观赏价值。而且其工艺考究，无须电动，仅凭水流冲力就能使之旋转。

2. 石碾青龙雕塑

在唐徕闸前制作了一座石碾青龙雕塑。它融合黄河、石碾与龙的传说，利用引黄灌区农耕用具青石碾拼接成"二龙戏珠"吉祥造型，实现了水文化与观赏性的有机结合。

黄河大水车

3. 农耕文化园

收集灌区石碾、石磨、风箱、木车等具有典型农耕文化元素的生产工具，建成了灌区农耕文化园。

石碾青龙

4. 21世纪"镇河石"

在于河中心挖掘出形态敦厚、貌似海中舰艇的镇河石，与"镇河牛"遥相呼应，代表着新一代水利人坚如磐石的治水决心。

（三）水情教育与文化建设

1. 建设宁夏水利博物馆，全面总结2200年宁夏引黄灌溉历史

2010—2011年，建成宁夏水利博物馆。馆分上下两层，总建筑面积4085平方米，其中布展面积3000平方米。其建筑采用秦汉时期的高台式建筑风格，馆顶为青铜扭面顶，周围衬托景观水系和微缩黄河地面景观，与北面的九渠广场、青铜古镇遥相呼应，形象揭示了宁夏水利的秦风汉韵。

博物馆馆内共设序厅、千秋流韵、盛世伟业、水利未来、水利文化、水利人物六大部分23个单元，展陈汉代五角形陶质水管、宋代灰陶水管、民国渠绅碑、汉渠碑首、钮公德政生祠碑等文物（实物）537件，展示蒙恬、刁雍、李元昊、郭守敬等治水人物雕像6具，塑造昊王开渠、塞北江南等场景沙盘多处，全面展示了2000多年来宁夏深厚的水文化积淀和千秋流韵的治水历史，全面反映了新中国成立60多年来宁夏水利建设取得的辉煌成就。宁夏水利博物馆的建成，填补了宁夏行业博物馆建设空白，丰富了中国水文化建设载体。

宁夏水利博物馆自2011年9月24日开馆试运行以来，广泛接待了国家级、区内外及社会各界参观人员。

宁夏水利博物馆

2. 建设水文化碑林

以历史上各大干渠建设碑记为主,展示宁夏水利开发建设的历史文化,以铭记劳动人民在改造山河、改造自然所创造的不朽业绩。鼓舞现代水利人为水利的大发展、大跨越建功立业。

3. 建设水文化宣传长廊

积极挖掘自然资源、水利资源和人文资源潜力,建设了宁夏青铜峡灌区十大古老干渠的水利文化宣传廊,展示了历代治水名人在宁夏的治水功绩和青铜峡灌区十大古老干渠的历史变迁与发展,使风景区焕发出新的生机和活力。

二、软件建设

在硬件建设的同时,渠首管理处还高度重视水文化的软件建设,通过深入践行社会主义核心价值观,大力倡导"忠诚、干净、担当,科学、求实、创新"的新时代水利精神。他们坚持传承黄河文化基因,讲好"渠首水故事",弘扬宁夏引黄古灌区厚重的水文化底蕴,延续中华历史文脉,大力传播治水正能量,让黄河文化深入人心。

(一)挖掘水文化遗产

唐徕渠在2000多年的悠久历史里,积淀了极为丰富的水文化遗产,留下了大量的水利历史典籍、水利文物古迹和各种水利工程建设等水文化遗产。为此,唐徕渠管理处搜集整理了大量历代关于唐徕渠的史料、实物和图片,以及诗词文赋、碑记等,研究提出了《唐徕渠历史与文化陈列馆》建设方案。该方案计划进行景馆一体化建设,以唐徕渠发展历史和成就为主线,将自然、人工、历史、人文等内容与现已建成的唐徕渠西门桥头郭守敬雕像、《长渠流润》石刻等融为一体,展示唐徕渠历史、文化、生态与人水和谐等沿革特色,展现新时期唐徕渠规划建设带来的最具时代感的唐徕新貌,体现现代水利的社会综合功能及生态、旅游等衍生价值,形成以"唐徕渠—周边景观带—唐徕展示厅"为主线的唐徕文化长廊。方案已上报待批,一经实施,必将成为区域水文化建设的又一重大成果。

(二)加强信息化建设

借助宁夏水利厅"互联网+智慧水利"工程的实施,按照统一规划、分批实施、整体覆盖的原则,渠首管理处实现了基层所段互联网全覆盖。相继建成灌区水情遥测站14处、视频及水位监测点21个、直开口信息采集点60处、测水断面水位遥测站7处、加密总干渠和重点水闸水位报警监控点8个，以青铜峡灌区潜坝等11座水闸远程自动化控制建设和黄委二期唐正闸等4座水闸远程控制工程改造为契机，实现灌区15座水闸"远程监控、现场值守、专业保障"运行新模式，水量调度实现"可观、可测、可控"，在宁夏引黄灌区首家实现了灌区全部干渠进、退水闸的自动化远程控制。

（三）加强节水文化建设

渠首管理处坚持"节水优先"的治水思路，强化节水宣传教育，加大节水工程改造力度，加强节水日常精细管理，将珍惜水资源、节约水资源贯穿于工作生活的各方面，努力打造水利行业节水示范机关。通过大数据、物联网等技术，以灌区自动化信息化为引领，全面实现管理节水、工程节水、科技节水，助力推进渠首灌域测控一体化、农业社会化服务体系建设，推动灌区水利转型升级发展。

节水宣传活动

渠首管理处成立了公共机构节水型单位工作领导小组，先后制定了《节水管理制度》《节水岗位制度》等规范文件，加大用水考核力度，明确专人管理。充分利用"世界水日中国水周""节水爱水进校园"等活动进行宣传，引导干部职工参与节水志愿活动。通过印制节水宣传纸口杯，在会议室、食堂餐桌放置节水宣传牌，张贴节水标语。同时，定期对广大干部职工进行节水培训和节水宣传，进一步提升机关全体工作人员的节水意识。

管理处还先后投入近150万元加大节水机关建设力度，将办公楼内手动式水龙头全部更换为感应式水龙头，更换感应式小便器，改大容量水冲式马桶为节水水箱；将无蓄水的洗手面盆改造为一体化节水水箱面盆，实现了洗手水和净水机废水第一次回收利用；建设分布式污水回用系统，收集办公楼和家属楼生活污水，经处理后用于院落内的绿地花卉树木浇灌，实现了水的第二次回用。

（四）加强文明创建与文化建设

为使景区取得长足发展，管理处主动加强同属地青铜峡市对接，依托引黄古灌区成功申遗"金名片"，不断增强唐徕闸水利风景区的品牌优势。

一是将景区纳入当地旅游发展规划，"宁夏青铜峡市黄河国家文化公园古渠首重要遗产保护管理和配套设施建设项目"入选国家"十四五"时期文化保护传承利用工程项目储备库重点国家文化公园26个项目之一，总投资2588万元。

二是争取黄河流域生态保护和高质量发展宁夏青铜峡灌区续建配套项目投资2384万元，对河西总干渠1.5千米渠道实施生态治理，目前正在实施。

三是组织编写了《唐徕闸水利风景区水文化建设提升改造工程实施方案》《渠首管理处大坝所节水基地建设提升工程项目方案》。

四是积极争取属地全域旅游示范市配套建设，配合青铜峡市交通局实施小坝城区至唐徕闸汉惠干渠右岸11.6千米渠堤水文化旅游观光线建设，建设标准化渠堤19.6千米，宜林渠堤植树1.5万余棵，初步建成了林水相依、长堤尽翠的美丽画卷。

五是主动融入属地"黄河岸边·世界灌溉工程遗产"旅游"三张名片"规划，先后吸引属地政府投入资金2000多万元，在景区大清渠两侧建设休闲观光带，在汉惠闸下左岸建设民俗风情和健身漫步区。景区渠道岸直水清，周边居民自觉爱水护水，满满的乡愁情怀为景区发展增加了新动能。

景区建设高位推进了灌域青铜峡市乡村振兴，提升了青铜峡全域旅游的水文化品牌，让游人打卡千年水文化与现代水文明的经典融合而流连忘返。大坝镇韦桥村、青铜峡镇余桥村依托宁夏引黄古灌区和唐徕闸水利风景区推出精品乡村旅游，韦桥村被评为"全国文明村镇"，有效助推了青铜峡全域旅游示范市创建。当地政府依托唐徕闸水利风景区资源优势，重点打造了韦桥村"汉唐古渠第一村"乡村游品牌，景区为助力属地乡村振兴、农民增收增添了新动能。

大河东去浪滔滔，2200多年引黄灌溉的历史铭刻着先辈们开发利用黄河水资源、造福宁夏人民的丰功伟绩，记载着劳动人民在这块土地上辛勤耕耘创造出的灿烂文化和改造自然的奇迹，也必将激励宁夏水利人把水文化的保护、发掘、传承的工作做得更好。

安全生产月知识竞赛

【延伸阅读】

● 宁夏引黄古灌区简介

黄河自黑山峡小观音入宁夏境，过青铜峡，至石嘴山三道坎出境，流长397千米，其间冲淤形成宁夏平原。青铜峡以上为卫宁平原，青铜峡以下为银川平原，具有引黄河水灌溉的优越条件，习称宁夏引黄灌区，也称前套或西套。灌区南北长320千

夜幕下的潜坝与西干渠进水闸

米，东西最宽40千米，面积6600平方千米，海拔高程在1090~1230米。灌区引黄河水灌溉始于秦汉，是中国最古老的大型灌区之一，距今已有2000多年的历史，早在南北朝时期就有"塞北江南"的美誉。

目前，灌区共有干渠17条，长1292千米，控制灌溉面积543万亩。

● **青铜峡水电站**

青铜峡水电站是黄河上游规划的最后一座梯级电站，是中国仅有的闸墩式水电站。电站装机9台，总装机容量32.7万千瓦，年设计发电量11.5亿千瓦时。大坝为混凝土重力式溢流坝，最大坝高42.7米，为国内首次采用复合式压力泄水管的机组布置形式。电站于1959年破土动工，1967年实现第一台机组发电，1978年全面竣工。青铜峡水电站是以灌溉、发电为主，兼防洪、防凌、城市工业用水等多种效益的综合性水利枢纽工程，该工程的有效利用，为解决中国多泥沙河流上的水电站排沙问题积累了经验。

● **郭守敬与唐正闸**

郭守敬，字若思，邢州邢台县（今河北省邢台市）人，不仅是我国著名的科学家、水利学家、数学家，还是著名的水利专家。

早在1251年，二十出头的郭守敬就参与规划了家乡邢州城北的河道疏浚工程，使该工程仅征调了400多名民工，历时40多天就获成功。1264年，郭守敬在实地勘察的基础上，提出了疏浚西夏旧渠故道，并增开新渠的设想，带领宁夏百姓在不到一年的时间里成功修复了唐徕渠、汉延渠等古渠，同时建成了宁夏地区修建的第一座水闸——唐正闸。1265年，担任都水少监的郭守敬又主持开业了白浮泉引水工程，解决元大都用水需求，此后他又主持开凿了通惠渠和会通渠，从开凿于隋代的大运河裁弯取直，并将南方漕船直接开进了大都。

由于郭守敬对我国水利做出了重大贡献，2020年，水利部评选首批治水达人时，他成功入选。宁夏人民为感谢郭守敬，曾为其建造生祠。

● **潜坝与西干渠进水闸**

潜坝，位于青铜峡水利枢纽下游约2.9千米处，唐正闸上游，与西干渠进水闸共同构成青铜峡河西灌区首部水利枢纽。是我国在北方多沙河流上兴建的第一个大型的升卧式平面钢闸门，与唐正闸共同构成宁夏唐正闸（潜坝）国家级水利风景区的主体。

潜坝始建于 1959 年春，原设计共 15 孔，孔宽 5~4.8 米，其中西端 3 孔为深孔，其他 12 孔为浅孔，安装了钢质平板闸门和移动式启闭机。西干渠进水闸位于潜坝上游左岸侧，原设计为 5 孔，均安装混凝土平面闸门和卷扬式启闭机。

拆除重建前的潜坝与西干渠进水闸

图片来源：曹雅峰、赵宏伟《升卧式闸门技术在宁夏潜坝枢纽工程中的应用》，《宁夏工程技术》2017 年第 16 卷第 4 期，第 381 页

2013—2014 年，潜坝在原址拆除重建。重建后的潜坝闸室总长 81.2 米，宽 15.5 米。共 13 孔，单孔净宽 5.0 米；闸墩高 5.5~4.5 米，闸门高 3.6 米。设计流量 300 立方米每秒，加大流量 450 立方米每秒。西干渠进水闸与潜坝成直角并立，共 8 孔，单孔净宽 4.5 米。西干渠进水闸的闸室布置结构与潜坝相同，均在操作平台之上布设三层高仿古建筑闸房。整体外观有了较大提升。

拆除重建后的潜坝与西干渠进水闸

（本文照片除署名外，均由宁夏回族自治区水利厅渠首管理处提供）

三门峡水利枢纽俯瞰（上游侧航拍）

3 蓄清排浑三门峡

【概述】

　　三门峡水利枢纽位于河南省三门峡市东北的黄河干流上，是中国在万里黄河上兴建的第一座控制性水利枢纽工程，号称万里黄河第一坝，也是新中国成立初期苏联援建我国156个重点工程项目中唯一的水利项目。60多年来，枢纽运营经历了蓄水拦沙、滞洪排沙、蓄清排浑三个阶段，发挥着重大的综合效益。由工程探索出的"蓄清排浑"运行方式，为世界治理开发多泥沙河流、推动泥沙科学的发展及促进地方经济建设和生态保护等方面提供了宝贵的中国经验。

【兴修缘由】

黄河发源于青藏高原，流经9个省区，至山东省东营市注入渤海。全长5464千米，是仅次于长江的中国第二大河，也是中华民族的母亲河。

习近平总书记指出："千百年来，奔腾不息的黄河同长江一起，哺育着中华民族，孕育了中华文明。早在上古时期，炎黄二帝的传说就产生于此。在我国5000多年文明史上，黄河流域有3000多年是全国政治、经济、文化中心，孕育了河湟文化、河洛文化、关中文化、齐鲁文化等，分布有郑州、西安、洛阳、开封等古都，诞生了四大发明和《诗经》《老子》《史记》等经典著作。九曲黄河，奔腾向前，以百折不挠的磅礴气势塑造了中华民族自强不息的民族品格，是中华民族坚定文化自信的重要根基。""黄河文化是中华文化的根和魂。"

黄河水在哺育亿万人民、催生璀璨文明的同时，也因水害频繁成为中华民族的心腹之患。尤其是其下游"三年两决口，百年一改道"，给沿岸地区经济社会发展和百姓生命财产安全造成极大威胁，成为历代治国者必须考虑的重大难题。1952年秋，毛主席首次出京视察时就选择黄河，发出了"要把黄河的事情办好"的伟大号召，开启了人民治黄的新阶段。

黄河水患，灾害在下游，根子在中游；表面在洪水，实质在泥沙。因此，治理黄河的关键，是在中游地区兴建控制性水库，调蓄黄土高原的来水来沙，减缓下游河床淤高的趋势。新中国成立后，在苏联专家的帮助下，黄河水利委员会联合全国有关单位对黄河进行了大规模的查勘，认定三门峡河段具有以下诸多优势：一是三门峡谷位于黄河中游最狭窄的河段，便于给黄河扎上"腰带"，容易形成"小口大肚子"型的理想水库；二是三门峡谷水深流急、落差大，建坝后可以产生可观的水力发电效益；三是三门峡谷分布着坚硬细密的闪长玢岩，地质条件优越，是坝基的上佳之选；四是矗立河中的三个石岛可作坝基，有利于截流和施工导流；五是这里是万里黄河上最后一道峡谷，可控制黄河98%的来沙量，拦洪效果佳；六是控制黄河91.5%的流域面积，89%的多年平均来水量，能最大限度地减轻下游水害；七是三门峡临近陇海铁路，便于建坝物资的运输。因此，在确定黄河干流第一座水利枢纽时，绝大多数专家选定了三门峡。

1954年10月，黄河规划委员会完成《黄河综合利用规划技术经济报告》，选定三门峡水利枢纽为黄河综合治理规划的第一期工程。

三门峡工程航拍

【建设历程】

一、前期工作

1949年8月，黄河水利委员会向时任华北人民政府主席董必武上报《治理黄河初步意见》，首次提出解除黄河下游水患的办法是选择适当地点建造水库。

1952年，毛主席视察黄河，听取了黄委会正在作的兴建邙山水库和三门峡水库规划情况汇报，发出了"要把黄河的事情办好"的伟大号召。

1954年，国家计委组建黄河规划委员会。同年2月23日，中央组成120余人，对黄河流域进行了历时90余天的全面查勘。确定三门峡为治理黄河的第一项工程。随后，中国政府委托苏联电站部水电设计院列宁格勒分院承担三门峡主体工程和施工总布置的设计工作。

1955年7月30日，全国人大一届二次会议正式审议通过了《关于根治黄河水害和开发黄河水利的综合规划的决议》，同时以解决防洪、拦沙、灌溉、供水、发电等综合利用任务为目的，将"唯一能够达到这样要求"的三门峡工程作为实施黄河规划的第一期工程，列入苏联援建的156个重大项目之一。其规划设计主要依托苏联水电设计院完成。

1955年，国务院组建黄河三门峡工程局，任命湖北省省长刘子厚为局长，王化云、张铁铮、齐文川为副局长。1956年7月底，黄河三门峡工程局从北京迁至三门峡工地现场办公。

二、工程施工

1957年4月13日，三门峡工程开工典礼在鬼门岛上举行，5000多名建设者参加典礼。随后，人门岛轰隆的开工炮声震撼长空。4月14日，《人民日报》发表题为《大家来支援三门峡啊！》的社论文章。在党和国家号召之下，全国上下迅速掀起支援三门峡的热潮。

1958年12月，成功实现黄河截流。

1961年4月，大坝主体工程竣工。

三门峡工程施工场景

三、水库的三阶段运行与两次改建

新中国成立初，我国水工技术尚不成熟，承担三门峡工程的规划、设计列宁格勒水电设计院也缺乏在多泥沙河流兴建水利工程的经验，因此最初选择了正常高水位360米、总库容647亿立方米、淹没面积3500平方千米、需要移民87万人的高坝大库方案。

在陕西方面提出异议后，国内许多学者仍在对黄河流域的水土保持工作过于乐观，认为："水土保持减沙效果，原预计1967年入库沙量减少20%，50年后减少50%，……建议正常高水位按350米高程设计，340米高程建成。"因此，中央最终决议："三门峡水利枢纽拦河大坝按正常高水位360米高程设计，第一期工程先按350米高程的蓄水位施工，1967年前最高运用水位不超过340米高程，死水位降至325米高程（原设计335米高程），泄水孔底坎高程降至300米高程（原设计320米高程），第一期工程大坝预先修筑至353米高程。"

工程建成后，很快面临重重难题。为此，在周恩来总理的主持下，三门峡工程进行了两次改建。其运行方式，也由此可分为三个较大阶段。

（一）"蓄水拦沙"运行阶段（1960年9月至1962年3月）

1960年9月15日，三门峡水库开始蓄水拦沙，1961年2月9日最高蓄水位至332.58米，至1962年3月入库总水量为717亿立方米，沙量17.36亿吨，远远超出规划设计，不得不进行重大调整，改为"滞洪排沙"。

（二）"滞洪排沙"运行阶段（1962年4月至1973年10月）

此阶段历时十余年，闸门全开敞泄。但由于最初枢纽只设了12个泄流深孔，遇到丰水丰沙的年份，仍然滞洪淤积严重，因此到1964年10月，库区泥沙总淤积量已达62亿吨，不得不进行改建。

第一次改建：1964年12月，周总理主持召开治黄会议，决定对三门峡工程进行改建，即在左岸增建两条泄流排沙隧洞；同时将原5~8号发电引水钢管改为泄流排沙钢管（即"两洞四管"），使枢纽的排沙能力增大了一倍（由原来的3084立方米每秒增加至6102立方米每秒），潼关以下库区由淤积转为冲刷，取得了显著的成效。但潼关以上库区及渭河仍继续淤积。

第二次改建：1969年6月，受周总理委托，河南省负责人刘建勋主持召开相关会议，决定对三门峡工程进行第二次改建。主要内容包括打开溢流坝1~8号施工导流底孔，将电站1~5号发电机组的进水口底坎高程由300米下降至287米，使枢纽泄流能力扩大到9060立方米每秒。

经两次改建，枢纽的泄流排沙大大增强，但发电能力大受影响。

（三）"蓄清排浑"运行阶段（1973年10月至目前）

两次改建的成功，为水库运行方式的改变创造了有利条件。自1973年以来，水库按"蓄清排浑"调水调沙方式运行，即在河水含沙量大的汛期降低水位泄流排沙，在含沙量较小的非汛期蓄水发挥综合效益，最终达到冲淤平衡。

四、电厂运营与扩容

伴随着水库运行的变化，三门峡水电站也在实践中不断探索，电站先后经历全年发电、非汛期发电和汛期浑水发电三个运行阶段。

（一）全年发电阶段（1980年前）

在此阶段，非汛期时运行水头高、工况好，发电效率高；但到汛期时，由于解决不了水轮机气蚀和泥沙磨蚀问题，导致机组运行水头低、工况差。

（二）非汛期发电运行阶段（1980—1989年）

从1980年开始，三门峡电站在汛期停止发电，机组仅做无功调相运行，保障电网安全；在非汛期发电。

（三）汛期浑水发电阶段（1990年后）

为探索多泥沙河流上汛期发电的经验，为小浪底电站机型提供资料，从1989年起，三门峡电站开始了为期6年的汛期浑水发电试验。摸索出了"洪水排沙，平水兴利"的规律，掌握了机组过流部件破坏特征及产生破坏的原因，并找出最佳抗磨材料和抗磨施工工艺。该成果达到了国际先进水平，荣获1995年水利部科学技术进步一等奖。1995—2001年，三门峡水电站共计浑水发电约14.5亿千瓦时，取得了很好的经济效益。

与此同时，电站还在1991—1997年实施6、7号机组扩装工程，使电站总装机容量由25万千瓦提升到40万千瓦。随后又对1~5号机组进行了增容改造，使电站总装机容量达45万千瓦。

【工程简介】

一、工程概况

三门峡枢纽工程主要由大坝、泄水道和水电站等组成。

主坝为混凝土重力坝,坝顶长713.2米,宽20.2米。坝顶高程353米,最大坝高106米。副坝为混凝土心墙土坝,位于主坝右岸,坝顶高程350米,坝顶长144米,最大坝高24米。水库设计洪水位335米,校核洪水位340米,防凌水位326米,兴利水位324米。相应设计总库容96亿立方米,其中防洪库容60亿立方米,兴利库容14亿立方米。

泄水道由泄流底孔、深孔、泄流隧洞及压力钢管组成。其中泄流底孔12个,设在主坝高程280米处,孔口尺寸为3米×8米。泄流深孔也是12个,位于主坝高程300米处,孔口尺寸为3米×10米;这24个孔均在孔口均设平板滑动门。

泄流隧洞共两条,在主坝高程290米处,其中压力段为圆形,直径11米;明流段为拱形,尺寸为9米×12米;孔口设8米×8米的弧形闸门。

此外,还在主坝高程300米处设1条压力钢管,孔口设2.6米×3.6米的平板工作门。

电站厂房位于主坝后方,安装水轮发电机组7台,总容量45万千瓦。

三门峡水电站

二、工程特色

（一）万里黄河第一坝

三门峡水利枢纽是万里黄河上兴建的第一座综合性水利枢纽，是最先承载国人"海晏河清"千年梦想的"探路先锋"，其探索过程之漫长、建设过程之火热、运行过程之曲折，均创下了我国治黄事业的纪录，可以说，工程的建设与管理，是一部党领导人民不断探索、认识、掌握、运用规律的治黄实践史，也是一部国人与黄河泥沙不断斗争并取得成功的奋斗史。

（二）流域综合治理开发的起点

三门峡工程是我国第一个开展大江大河治综合利用规划——《黄河流域综合利用规划》的探路先锋工程，工程建设摆脱了以往治黄工作头痛医头、脚痛医脚，治标不治本的被动局面，第一次着眼于对黄河防洪、发电、灌溉、供水的综合治理与利用，不仅让人民治黄事业迈上了一台阶，还为我国随后开展的长江、珠江、淮河、松花江、辽河等大江大河流域规划，提供了借鉴范本，标志着中国水利走向了科学化、规范化的道路。

（三）新中国水电建设的摇篮

作为新中国成立后开发的第一个高坝大库，党中央、国务院为工程为三门峡工程组建了高规格的领导机构和专家队伍，还在短时间内从全国水利、电力、建筑、铁路、交通、邮电、商业、司法、卫生等部门抽调大量人员。其中参加建设的水利系统队伍共计数万人，分别来自东北的丰满，华北的官厅、陡河，华东的梅山和西南的狮子滩水库。他们在经历工程历练后，又调往全国各大水利工地。因此，三门峡工程不仅为新中国水利建设积累了宝贵经验，更为培养了一大批工程技术人员、管理人员和施工队伍，是毫无疑义的"新中国水电建设的摇篮"。

（四）以"蓄清排浑"治理多泥沙的河流的探索与尝试

三门峡工程最大的特色，是它在坎坷运行过程中闯出的"蓄清排浑"治水思路。其核心是通过控制水位，蓄积非汛期时的清水，排泄汛期时的浑水及泥沙，最终扭转水库淤积趋势，实现水沙平衡。

从1973年11月至今，蓄清排浑运用大致可分为三个时段。

第一阶段：1973—1985 年，是蓄清排浑运用的探索期。通过非汛期降低最高运用水位，缩短高水位持续时间，改善库区冲淤状况，逐步稳定潼关高程。

第二阶段：1986—2002 年。1986 年 10 月，具有多年调节能力的龙羊峡水库投运，它在汛期蓄水，非汛期向下游补水，从而改变了黄河上游来水量及时间分布。同时山陕区间及泾渭河来水也呈减小趋势。因此，虽然三门峡水库在非汛期运用水位进一步降低，高水位时间进一步减少，但库区仍出现累积性淤积。

第三阶段：2003 年以后。为有效降低潼关高程，三门峡水库于 2002 年汛后进行原型试验：非汛期控制水位 318 米，汛期敞开泄洪以增加排沙效果外，还采取了裁弯取直、优化桃汛洪水过程、小北干流放淤等多种积极措施，总体成效明显。潼关高程整体上表现为汛期冲刷下降、非汛期淤积抬高。三门峡库区冲淤基本平衡。

此外，伴随着小浪底水库的运行及水利部、黄委积极开展的"调水调沙"，黄河中下游干流泥沙淤积局面初步得到扭转。

三门峡水库"蓄清排浑"运用方式的成功证明，通过合理利用，人类是可以在多泥沙河流兴建大型工程，并长期保持有效库容的。如今，这一运行方式已在小浪底水库和三峡水库成功运用，并在实践中得到不断的优化完善。

在 2012 年 12 月 3 日纪念钱宁先生 90 周年诞辰座谈会上，钱正英副主席指出：从三门峡到三峡工程是中国泥沙科研工作者，摔掉洋拐棍、走自主创新道路，成功解决泥沙问题、走向世界前列的典范。

三、工程效益

三门峡水利枢纽建成运用以来，在防洪、防凌、灌溉、供水、发电、调水调沙与减淤、改善生态环境、维护黄河健康生命与促进经济发展等方面发挥了不可替代的重要作用，成为黄河防洪减淤体系、水沙调控体系中极其重要的一环。

（一）防洪效益

防洪保安是三门峡工程的首要任务。三门峡工程控制黄河 91.5% 的流域面积、89% 的多年平均来水量和 98% 的来沙量；控制了黄河流域三个主要洪水来源区的两个（河龙间、龙三间），并且对另一个洪水来源区（三花间）也起到错峰和调节作用，极大地缓解了下游地区的防洪压力，三门峡工程使 8000 万人民免除洪水的威胁。

自 1964 年以来，三门峡水库成功抵御了 6 次流量 1 万立方米每秒以上的大型洪水，极大地减轻了黄河下游的防洪压力，降低了漫滩损失。三门峡水库建成后，黄河大堤安然无恙，黄河下游岁岁安澜。

三门峡枢纽泄洪

（二）防凌效益

三门峡水库运用后，不仅战胜了 1967 年、1969 年和 1970 年凌汛，而且使黄河下游河道连续由"武开河"（人工破冰）变为"文开河"，对防御凌汛起到了关键作用。

（三）灌溉效益

三门峡水库投运后，每年可利用凌汛和桃汛蓄水，为下游春灌保持了约 14 亿立方米的蓄水量，在春旱时一般可使河道流量增加 300 立方米每秒，大大提高了下游引水的保证率。如今，三门峡灌区面积已达 100 多万亩，黄河下游的引黄灌溉面积近 4000 万亩。

（四）供水效益

三门峡水库为沿黄 20 个地市和 100 多个县及中原油田、胜利油田提供了可靠的工业用水和生活用水，同时还为"引黄济津""引黄济青""引黄入卫""引黄入冀"工程做出巨大贡献，促进了地方经济社会发展。

（五）调水调沙效益

三门峡水库可充分利用自身库容，控制小浪底入库水沙过程，增强调水调沙后续动力。三门峡与小浪底联合运用，调水调沙，有效冲刷黄河下游河道，使下游主河槽最小过流能力由 2002 年汛前的 1800 立方米每秒提高到近期的 5000

立方米每秒左右。

（六）发电效益

三门峡电站装机45万千瓦，持续向周边地区提供清洁能源。此外，在小浪底水电站投运前，它作为河南电网中唯一的水电站和主要的调峰电厂，为河南电网的安全运行和供电保障做出了巨大的贡献。

（七）生态效益

三门峡水库的调蓄运用和黄河水量统一调度，防止了黄河下游河道断流、海水倒灌和河口三角洲生态环境的恶化。在库区形成了东至三门峡大坝、西至陕西潼关、北至山西河岸、南至崤山脚下，东西长90千米、南北宽29千米的库区湿地。对于调节地区气候、保护生物多样性及生态平衡发挥了重要作用，随着生态环境的改善，三门峡市鸟类由过去的175种增加到315种，占河南省鸟类总数的82.5%，每年10月至翌年3月，成千上万只白天鹅来到这里越冬，形成了黄河上独具魅力的"天鹅湖"，三门峡也因此被称为"天鹅之城"。

春到水库

四、工程荣誉

三门峡大坝风景区被评为国家 3A 级旅游景区，国家级水利风景区，河南省旅游景区。三门峡黄河展览馆先后被命名为河南省爱国主义教育基地、河南青年科技创新行动教育基地、三门峡市爱国主义教育基地、三门峡市未成年人教育基地、三门峡市中共党史教育基地、全国爱国主义教育基地等，平均每年接待大中小学生、机关干部、复转军人、中外游客等 3 万余人参观学习。

【文化解读】

三门峡工程是新中国成立初，在苏联的援助下，兴建的第一座大型水利枢纽，它承载着中华民族不屈不挠的奋斗精神，凝聚着新中国几代领导人的关心支持，倾注着几代水利水电建设者的智慧与心血，得到了全国人民的大力支援。

总的来说，三门峡的工程文化可以概括为一种精神，即中流砥柱精神；六大文化，即以大禹为代表的古代先贤治水文化，以三门峡大坝为核心的工程建设文化，以三门峡枢纽改建和管理为核心的工程管理文化，以历史古迹和神话传说为核心的人文自然景观文化，以诗词歌赋为代表的文学艺术文化，以安全文化、创新文化、廉政文化、科普文化、生态文化为代表的明珠集团企业文化。

一、一种精神：中流砥柱精神

中流砥柱，位于黄河三门峡大坝下游不远的黄河河道中，相传是大禹治水时留下的镇河石柱，又叫"朝我来"。工程蓄水前，它高出黄河枯水位 10 多米；洪水时只露出一个尖顶，好像马上就被洪水吞没，但千百年来，无论狂风暴雨，还是惊涛骇浪，它一直巍然屹立，如怒狮雄踞，刚强无畏。

自古以来，中流砥柱就象征着中华民族自强不息、百折不挠的奋斗精神，朝我来则凝聚着中国人民的勇于牺牲、厚德载物的无私情怀。它始终是黄河三门峡最重要的文化资源之一，也是黄河乃至中华民族重要的文化资源，其自然特征、航标作用以及引申意义都具有丰富而深刻的内涵。

二、六大文化

中华民族治理黄河的历史也是一部治国史，一代代治河先驱前仆后继，为了黄河安澜、国泰民安的梦想而不懈奋斗，推动了历史进步。大禹治水的丰功伟绩和精神，数千年来被世人所传颂。

（一）以大禹为代表的古代先贤治水文化

大禹是我国杰出的治水专家，也是第一个奴隶制国家——夏的创始人。大禹与洪水做斗争的大无畏精神一直为后世广为传诵，他"三过家门而不入"和吃苦耐劳、克己奉公的忘我精神被传为千古佳话，他因势利导、科学治水取得的成就，更为人景仰。有学者将大禹的治水精神概括为六点："公而忘私、忧国忧民的奉献精神；艰苦奋斗、坚韧不拔的创业精神；尊重自然、因势利导的科学精神；以身为度、以声为律的律己精神；严明法度、公正执法的治法精神；民族融合、九州一家的团结精神"。直到今天，大禹精神仍鼓舞着所有的中国人，尤其是中国水利人。

三门峡位于黄河最后一个峡口，这里广泛流传着"禹开三门"的传说。新中国兴建的三门峡水利枢纽，实现了对黄河水沙的综合控制，让两岸百姓告别洪水，安居乐业，工程建设者们是当之无愧的当代大禹。1960年5月22—23日，中共中央政治局委员、国家副主席董必武视察三门峡水利枢纽施工现场，为三门峡工程建设者题词"功迈大禹"。

（二）以三门峡大坝为核心的工程建设文化

三门峡工程是万里黄河第一坝，它从决策、建设到后期的改建、运行管理，始终得到了党和国家领导人的高度重视和关心支持。

毛泽东主席曾4次听取治黄工作汇报，对三门峡工程做出重要指示。

周恩来总理先后3次亲临三门峡工程现场视察，在工地度过了8个日日夜夜。

刘少奇、朱德、董必武、邓小平、李先念、习仲勋、江泽民、温家宝等20多位党和国家领导人先后亲临三门峡工地视察。吴玉章、钱学森、荣毅仁、郭沫若、田汉、贺敬之等社会名人也曾来三门峡水利枢纽工程参观考察。他们中的许多人创作了大量歌颂三门峡工程及其建设者的文学作品，其中贺敬之创作的诗歌《三门峡歌》最为著名，影响久远。

1958年4月21日，周恩来总理视察三门峡工程

国家计委、水利部组建高规格的黄河流域规划委员会和三门峡工程局，一大批能打硬仗的水电队伍在此艰苦创业，为黄河治理和高质量发展做出了重要贡献。

（三）以三门峡枢纽改建和管理为核心的工程管理文化

三门峡工程作为我国大江大河治理的探路先锋工程，在建设与运营过程中出现重大问题，引起党中央、国务院高度关注，因此经历了两次改建，三次运营管理的重大变化。大量新技术、新材料的应用，为工程重焕生机奠定了基础，为确保黄河岁岁安澜发挥了重要作用。这些成果不仅为国内外多泥沙河流治理，还为黄河小浪底、长江三峡等大型水利枢纽工程建设和运用提供了借鉴。

（四）以历史古迹和神话传说为核心的人文自然景观文化

黄河三门峡历史悠久，文化底蕴深厚。在三门峡大坝坝址附近的中流砥柱、张公岛、梳妆台、炼丹炉、开元新河、大禹庙、米汤沟、古栈道等历史文化遗迹，以及与这些文化遗迹相生相伴的历史传说、经典故事，构成了黄河三门峡丰厚的文化基石。诞生于三门峡枢纽工程周边的历史文化古迹、神话传说、民风民俗，都是黄河三门峡文化的重要组成部分，对其进一步加强保护和传承弘扬是我们义不容辞的责任。

（五）以诗词歌赋为代表的文学艺术文化

自古以来，三门峡流传有许多动人的诗词歌赋，如司马光的《谒三门禹祠》，李世民为中流砥柱的题诗等。三门峡工程工程开工后，国内众多知名文学艺术家前来参观采风，创作了一批脍炙人口的文艺作品，如贺敬之的诗作《三门峡——梳妆台》，冰心的散文《奇迹的三门峡市》，吴作人的油画《黄河三门峡·中流砥柱》，刘文金的二胡曲《三门峡畅想曲》等。这些作品不仅鼓舞了工程建设者艰苦奋斗、顽强拼搏的干劲，也成了中国文化艺术史上颇具影响的精品佳作，是黄河三门峡人民引以为傲的精神财富。

（六）以新时期治水思想为指引的明珠集团企业文化

作为三门峡工程的建设、管理和运行单位，三门峡黄河明珠（集团）有限公司（简称黄河明珠集团）形成了特有的安全文化、创新文化、廉政文化、科普文化以及生态文化等多元企业文化。

1. 安全文化

黄河安澜，国泰民安。三门峡工程的建设运用，为保障黄河岁岁安澜发挥了巨大作用。枢纽工程50多年的安全运行，凝聚了几代明珠职工的心血和汗水。安全第一、安全至上的理念深深植根于明珠人的心中。

2. 创新文化

从枢纽工程的增建、改建，水库运用方式的探索，到深水钢叠梁围堰、抗磨防护涂层的研制，再到汛期浑水发电试验、坝前清污技术的不断革新，持续几十年的创新、一系列的科技成果，是明珠人不断开拓、追求创新的最好见证。

3. 廉政文化

作为新中国成立后黄河上兴建的第一个大型水利枢纽工程，自开工建设到后期的增建、改建，在时间跨度长、资金量巨大、人员环节众多的情况下，实现了工程安全、资金安全和干部安全，蕴藏其中的廉政文化功不可没，并延续和弘扬至今，在坝区建设的清风林、清风亭等已成为黄委系统的廉政文化教育基地。

4. 科普文化

三门峡工程建设时期，这里就成为中国水电建设事业的"黄埔军校"，为新中国培养了大量的水电建设人才。一大批专业技术人才、管理人才从这里走向祖国的四面八方。现如今，三门峡工程、水电站等，也是向社会普及治黄事业发展和水电开发技术的重要载体。

5. 生态文化

三门峡水库的建设，始终坚持绿水青山就是金山银山的理念。如今，通过几十年的运用，在三门峡库区形成了 200 多平方千米水域，成为维持区域生态平衡的最基本要素，对调节地区气候、保护当地生物多样性及生态平衡，对维护黄河健康生命、促进流域人水和谐，发挥了不可或缺的重要作用。

【水文化建设】

2019 年 9 月 18 日，黄河流域生态保护和高质量发展座谈会在郑州召开，习近平总书记发出了"让黄河成为造福人民的幸福河"的伟大号召，万里黄河处处绽放出勃勃生机。

三门峡水利枢纽管理局牢记总书记嘱托，砥砺奋进，铿锵前行。对三门峡枢纽精心规划，深入挖掘工程自然景观、人文景观、黄河文化、人造景观等资源，使水工程与水文化工程有机融合，打造出富有深厚文化内涵的水利工程，让人民群众切身感受到水文化的魅力。

一、硬件建设

经过多年不懈努力，明珠集团基本形成了以一馆三园一景区（一馆是指黄河三门峡展览馆，三园是指大禹游园、黄河文化园和"清风林"廉政文化园，一景区是指三门峡大坝风景区）为主的水工程文化展示平台，使三门峡水利枢纽的文化硬件措施提升了一个台阶。

（一）黄河三门峡展览馆

位于黄河三门峡大坝风景区内，是一座综合反映三门峡工程工程建设和工程效益的文化教育场所，1995 年建成，2008 年重新布展，2017 年再次完善，增加了黄河流域沙盘模型、多媒体展示和电子留言台等。展览馆总建筑面积 3700 平方米。

展览馆共有3个展厅、1个陈列厅、1个放映厅。展厅运用大量的图片、实物资料、模型等，多角度、全方位、立体化地再现了三门峡工程从决策、兴建到改建和综合效益发挥的曲折历程。陈列厅存放着党和国家领导人视察三门峡工程时的亲笔题词、珍贵照片等。放映厅循环播放三门峡工程建设纪录片、影片等。

黄河三门峡展览馆

（二）三门峡大坝风景区

三门峡大坝风景区依托大坝建成，由自然景观和人文景观组成，主要包括三门峡大坝、中流砥柱、张公岛、梳妆台、一步跨两省、廊道水晶宫等，年接待游客约15万人次。2001年被评为国家3A级景区。

1. 枢纽工程

三门峡工程作为万里黄河第一坝，新中国第一座大型水利枢纽，在国内外具有很高的知名度，其大坝雄姿、电厂厂房、坝体廊道、泄洪场景是坝区内具有核心地位和主体特性的最为重要的景源。

2. 自然景观资源

主要的自然景观资源包括黄河水体、两岸山体、林木植被等。

三门峡库区的水体，位于两岸山体之间，水面宽广，气势恢宏，无论是观赏视角还是立体空间的组合，都有独到的观赏价值；而且在不同季节呈现出不同景观。在汛期，库区水面浊浪翻涌，犹如聂耳的"黄河大合唱"，令游人亲身感受到黄河的力量与气势，感受到母亲河孕育中华民族文明史的痛苦经历与历史沧桑。枢纽的泄洪隧洞是巨型的人造瀑布，对游人有很强的吸引力。

大坝两侧富于变化的山体非常险峻，为观赏水体、俯瞰坝区全貌提供了较好的背景，并与水体相得益彰，共同形成了"山水相连，水天一色"的景观。

长河落日

3.人文景观

主要包括"三门六峰",即人门、神门、鬼门和人门岛、神门岛、鬼门岛、中流砥柱、张公岛、梳妆台,其他有开元新河、狮子头、古栈道、禹王庙遗址等。

人门、神门、鬼门及其三个岛,已与大坝连接为一体,是构成大坝的有机部分,是区内的重要景源。中流砥柱、张公岛、梳妆台,位于大坝下游400米处,自右向左一字排开。中流砥柱石承载着中华民族不惧任何困难险阻的精神,是坚韧、毅力的象征。张公岛传说是黄河上为船只指引航向的老艄公化身。炼丹炉据传是太上老君修炼仙丹之处,梳妆台相传是王母娘娘到此一游留下的足迹。

禹王庙是人们凭吊祖先与水害做斗争的祭祀场所,具有浓厚的文化与宗教背景。古栈道位于大坝下游黄河两岸,与古代漕运有关,至今仍有遗迹可寻。

每个景点背后,都有动人的传说的优美的故事。

（三）大禹游园

大禹是中华民族最伟大的治水英雄，在他身上凝聚了中华民族伟大的抗洪精神，数千年来"禹开三门"的故事广为流传。为此，三门峡枢纽管理局于1992年在大坝码头右岸半山坡上投资兴建了大禹像及占地4800平方米的大禹游园。集中展示了大禹文化与大禹精神。

（四）黄河文化园

黄河文化园，是黄河三门峡文化开发保护与黄河第一坝科教示范基地的简称，是中国保护黄河基金会于2015年12月与明珠集团签订的资助项目，目前已经完成第一期。建成了以实物展示水力发电知识的转轮体广场、以三门峡黄河文化民间传说和治黄名人事迹为主题的明清风格文化长廊，树立了"万里黄河第一坝"文化石等，多角度展示了黄河文化、水利文化与三门峡枢纽文化。

大禹塑像

（五）"清风林"廉政文化园

"清风林"廉政文化园是明珠集团于2010年投资兴建的以廉政文化为主题的坝区公园。园内栽植有白皮松、梅、竹、莲花等象征高洁品行的植物，建有莲花池、清风亭、安澜亭，正气歌石碑、廉政故事展示牌、廉政题材楹联碑刻等。它将三门峡黄河文化与廉政文

清风林

化有机结合，成为明珠集团领导干部开展廉政宣誓、接受廉政教育的重要场所，受到系统内外的关注。2012年12月，"清风林"廉政文化园被命名为黄委廉政文化建设示范点。

二、软件建设

在硬件建设的同时，明珠集团高度重视文化软件建设，从志书编撰、文学作品出版和报纸编印，搭建起黄河三门峡文化保护、传承、弘扬的立体化格局。

（一）志书编撰

为客观记述三门峡工程建设、运用、管理与发展历史，传承弘扬黄河三门峡工程文化，存史、资政、教化、育人，明珠集团（三门峡枢纽局）先后于1993年和2016年编纂完成《黄河三门峡工程志》与续编各一册，由中国大百科全书出版社公开出版发行。该两本志书以大量史实为基础，按照专业志书要求编纂而成，成为明珠集团干部职工学习黄河三门峡工程工程史和企业发展史的有力教材，也成为社会各界了解黄河治理、了解三门峡工程的重要文献。近年来，通过内外部开发利用，在客观宣传黄河三门峡在治黄体系中的历史地位、所做贡献中发挥了积极作用。

（二）宣传出版

《黄河三门峡民间传说》《黄河三门峡楹联精粹》《黄河三门峡水利枢纽文化丛书》，是以三门峡工程为主体，形成的重要宣传文化成果。

《黄河三门峡民间传说》由明珠集团于2008年编纂完成，中国炎黄文化出版社公开出版发行。该书共挖掘、收集、整理、编辑三门峡民间传说、故事32篇，从一个侧面反映了三门峡古老的历史文化与黄河库区的人文景观，展示了黄河三门峡浓郁的文化气息和民间情趣。《黄河三门峡楹联精粹》由明珠集团与三门峡市楹联协会合作，围绕黄河三门峡文化，分九曲黄河、大禹治水、中流砥柱等七大类，面向社会征集楹联，精选出上千幅上乘作品，于2019年编纂成书，成为宣传黄河三门峡、沟通社会各界的又一文化载体。

《黄河三门峡水利枢纽文化丛书》是为讲好黄河故事，系统总结黄河三门峡历史，大力弘扬黄河文化和黄河三门峡文化，通过广泛搜集资料，精心编排，分类成册，形成的《黄河三门峡水利枢纽文化丛书》。丛书从不同角度力求立体化呈现黄河三门峡水利枢纽工程建设的"前世今生"和党领导人民治理黄河的丰功伟绩。其中《诗话黄河三门峡》《媒体眼中的黄河三门峡》于2021年出版，其余丛书的整理编纂工作正在有序进行中。

（三）报刊编印

《黄河三门峡报》创刊于1986年，为明珠集团内部资料性报纸，4开4版，迄今已经印刷1230余期。《黄河三门峡报》创刊以来，为点滴记录黄河三门峡管理运用和发展历程、宣传弘扬黄河三门峡文化发挥了积极作用。

2019年9月23日，被教育部等四部门确定为首批全国职业教育教师企业实践基地。

【延伸阅读】

● "禹开三门"传说

有关三门峡的得名，有不少说法，其中最著名的，当属"禹开三门"。

相传在很早很早的时候，三门峡一带是个很大的湖泊，名叫"马沟"，没有出口。如果站在高山由上往下看，眼前是一片白茫茫的湖水，一眼望不到边。北山的深潭有一条老龙，见马沟水深湖大，就挪住在这里，经常喷云吐水，兴风作浪，让马沟的水越涨越高，淹没了不少村庄和土地，让老百姓颠沛流离。尧王看到百姓受难，就派大禹去治水。大禹有两件宝物：一把划水剑和一柄开山斧。剑划到那里，水就流到那里；斧子劈到那里，那里就开出河道。大禹来到马沟，只见地形是西北高，东南低，就跑到湖的东南边用剑划了几下，水就顺着剑划的道向东南流去。当水流到马沟峡谷的时候，被一座大山拦住了去路。大禹抡起开山斧，"啪、啪、啪"地把大山劈为三个豁口，水分为三股向下流去。三个豁口把大山分成了两座石岛和两座半岛：和南岸相连的一座半岛，临水的一端，像一只张着嘴的狮子，大家就叫它"狮子头"；中间两座石岛叫"鬼门岛"和"神门岛"；和北岸相连的半岛叫"人门岛"。大禹开完三门，又抡起斧子，开出一座砥柱岛，用它来定波镇澜。以后人们把这个地方叫作"三门峡"。

水道疏通后，马沟的水一天比一天浅，大片的湖泊慢慢变成了河谷，这可急坏了水底的老龙。老龙一生气将天上的云雾都吸进肚里，接着又兴风作浪发起大水。没多大一会儿，水又涨得很高，淹没了许多村庄和田地。

大禹看到这种情况，也非常气恼，拔出利剑，"扑通"一声跳进水里和老龙搏斗起来。他们斗了三天三夜，只斗得天昏地暗，日月无光。最后大禹和老龙都乏了，谁也占不了上风。老龙喘着粗气，张开利爪，拼着最后一股劲儿，恶狠狠地扑向大禹。大禹闪开身子，躲开老龙的利爪，使出全身的力气，用剑刺进了老龙的胸口，顿时，鲜血像泉水一样从老龙的心口喷出来。血喷到两岸的山上，把山石都染成了红色。直到现在三门峡两岸的山壁上，还有红色的山石和泥土。

水患平息以后，老百姓都回到了三门峡，修房建屋，垦荒种地，日子过得安稳多了。老百姓为了纪念大禹，在黄河两岸建了禹王庙。

三门峡大坝开工以后，民工在河滩上刨出了一盘龙骨，有头、有爪、有尾。据说这就是当年被大禹杀死的老龙的尸骨。

● "中流砥柱"与"朝我来"

中流砥柱是一块巨石，位于三门峡大坝下方数十米的激流之中。冬天水浅的时候高出水面约11米，洪水季节只露出一个尖顶，仿佛随时会被洪水吞没。但千百年来，无论狂风暴雨，还是惊涛骇浪，它都巍然屹立，如怒狮雄踞，自古被喻为中华民族精神的象征。

如今的中流砥柱石上刻有"仰临砥柱，北望龙门，茫茫禹迹，浩浩长春"的诗句，相传为公元638年唐太宗李世民到这里时所写，由大臣魏征勒于砥柱之阴。唐代著名书法家柳公权也为它写过一首长诗，其中有"孤峰浮水面，一柱钉波心。顶住三门险，根连九曲深。柱天形突兀，逐浪素浮沉"等佳句。

而对黄河船工而言，它又一个更亲切的名字，叫朝我来。传说是一位黄河老艄公的化身。很久以前，这位老艄公率领几条货船驶往下游，船行到神门河口，突然天气骤变，狂风不止，大雨倾盆。刹那间，峡谷里白浪滔天，雾气腾腾，看不清水势，辨不明方向。老艄公驾船穿越神门，眼看小船就要被风浪推向岩石。老艄公大喝一声："掌好舵，朝我来。"说完纵身跳进了波涛之中为船导航。船工们驶到跟前正要拉他上船，一个浪头将船推向下游，离开险地。船工们在下游将船拴好，返回去找老艄公，见他已经变成了一座石岛，昂头挺立在激流中，为过往船只指引航向。因此，人们把这座石岛叫作"朝我来"。

中流砥柱

● 三门峡工程高规格的领导队伍

黄河三门峡工程局领导班子规格之高、人员之全,为新中国水利建设所罕见。用首任工程局局长刘子厚的话说:"这是个'小省委'班子,主要领导成员是按省级来配备的。"

首任工程局局长,为湖北省原省长刘子厚。以省委书记、省长挂职水利工程总指挥长的,为数不少,但让一个重要省份的正职省长辞去职务,专职担任工程局长的,新中国历史上恐怕仅此一例。这也从一个层面上看出中央对三门峡工程的关注。

工程局三位副局长,分别为王化云(时任黄河水利委员会主任)、张铁铮(时任电力工业部水力发电建设总局副局长)、齐文川(时任中共河南省委委员)。此后调入工程局的主要领导干部还有肖文玉(福建省委农村工作部第一副部长,1957年8月调入三门峡工程局任党委副书记)、郭真、秦定九(福建省南平专署专员,1957年5月调入三门峡工程局任工会主席)、张海峰(中共武汉市委书记处书记,1956年6月调入三门峡工程局任第二书记)、王英先(湖北恩施地委书记,1956年调入黄河三门峡工程局)、刘书田(湖北省荆州地区青委副书记,1956年7月调入黄河三门峡工程局)、谢辉(山东省工业部部长,1956

年 8 月调入黄河三门峡工程局任副局长）等同志。

再加上水利部、电力部和黄委会等选调的干部如汪胡桢（水利部北京勘测设计院总工程师，1955 年调入黄河三门峡工程局任总工程师）等，工程局的领导班子就这样组建起来了。

● 贺敬之与《三门峡——梳妆台》

古往今来，吟诵三门峡的诗歌不知多少，但其中最著名的，当属当代作家、诗人贺敬之创作的《三门峡——梳妆台》，也是整个《三门峡歌》中的第一首。此诗作于 1958 年 3 月，也是我国举全国之力，全力兴建三门峡水利枢纽最为壮阔的时期，诗人受邀到工地考察，眼中所见，心有所感，写下了著名的组歌《三门峡歌》，其中以《三门峡——梳妆台》最为引人关注。此诗抒写了一位当代诗人面对自然的豪迈之气、面对苦难的战斗之志、面向历史的超越之志，以自我的形象和语言体现了那个伟大时代人民的心声。

现将《三门峡——梳妆台》全诗抄录如下。

望三门，三门开："黄河之水天上来！"

神门险，鬼门窄，人门以上百丈崖。

黄水劈门千声雷，狂风万里走东海。

望三门，三门开：黄河东去不回来。

昆仑山高邙山矮，禹王马蹄长青苔。

马去"门"开不见家，门旁空留"梳妆台"。

梳妆台呵，千万载，梳妆台上何人在？

乌云遮明镜，黄水吞金钗。

但见那：辈辈艄公洒泪去，却不见：黄河女儿梳妆来。

梳妆来呵，梳妆来！——黄河女儿头发白。

挽断"白发三千丈"，愁杀黄河万年灾！

登三门，向东海：问我青春何时来？！

何时来呵，何时来？——盘古生我新一代！

举红旗，天地开，史书万卷脚下踩。

大笔大字写新篇，社会主义——我们来！

我们来呵，我们来，昆仑山惊邙山呆：
展我治黄万里图，先扎黄河腰中带——
神门平，鬼门削，人门三声化尘埃！
望三门，门不在，明日要看水闸开。
责令李白改诗句："黄河之水'手中'来！"
银河星光落天下，清水清风走东海。
走东海，去又来，讨回黄河万年债！
黄河女儿容颜改，为你重整梳妆台。
青天悬明镜，湖水映光彩——黄河女儿梳妆来！
梳妆来呵，梳妆来！
百花任你戴，春光任你采，万里锦绣任你裁！
三门闸工正年少，幸福闸门为你开。
并肩挽手唱高歌呵，无限青春向未来！

（本文照片除署名外，均由黄河水利委员会明珠集团提供）

东坝头险工景区全貌

4 最后一弯东坝头

【概述】

东坝头险工位于河南省兰考县城北部，九曲黄河最后一个大拐弯南岸。是黄河下游重要的防洪节点工程，也是新中国治黄成就的重要体现。2017年以来，兰考黄河河务局在当地政府的支持下，以悠久的人文历史、壮观的水利工程和令人震撼的大河美景为支撑，着力打造东坝头"黄河湾"水利风景区，吸引众多民众来此"打卡"，实现了水工程与水文化的和谐统一。

【兴修缘由】

与黄河中下游众多除险加固工程一样，修建东坝头险工的主要目的是防范黄河洪水，确保沿河地区广大人民的生命安全，并助力区域经济社会可持续发展。

一、主要缘由：稳定河势

黄河是中华民族的母亲河，也是洪涝灾害频繁深重的大河。自古以来，黄河就因善徙、善决、善淤，导致中下游河道宽、浅、散、乱，河床远远高出周边地面，防洪形势极其严峻。

具体而言，花园口以上河段，北岸有邙山阻挡；孙口以下，两岸有丘陵约束；洪灾虽多，但不至于过度泛滥。唯独花园口到台前孙口中间200余千米河段，两岸均为平原，地基如同豆腐一般松软，因此黄河又有"铜头铁尾豆腐腰"之称。洪水时节一旦溃口，不仅沿岸百姓生命惨遭浩劫，整个华北平原也大受影响。有专家分析，如果黄河在郑州铁桥附近溃决，向北改道，将经新乡、内黄、威县、衡水，至天津入海，影响面积可达3.3万平方千米；如果从南岸郑州、开封决口，从淮河入海，则波及范围也达到约2.8万平方千米，淹没人口均可达1000万以上。

兰考东坝头段位居"豆腐腰"中部，故洪涝灾害极为深重。据史料记载，自金大定十一年（1171年）走河（即黄河干流经过）以来，800多年间这里共决溢140多次。其中1855年决口引发了黄河历史上最后一次大改道，使原本顺直的黄河在此拐了一个近90度的U形大弯，将北岸大堤一分为二。兰考东坝头位于河东，顶冲黄河主流，其防洪形势之险峻，自不待言。

在科技能力尚不发达的古代，人们无法根治黄河洪水，只能据险死守，除修建堤防外，还要在险要河段修建抢险与除险工程，为大堤加上一把安全锁。这也就是今天所称的险工。东坝头险工就是其中的重要一段。

二、其他缘由

新中国成立后，河南省大力发展引黄灌溉，先后兴建人民胜利渠、赵口、黑岗口、柳园口、红旗、三义寨等较大灌区，此外，郑州、新乡、开封等重要地级市的城市用水也需引黄供给。如果河势多变，会导致位于渠首的引黄闸脱离河道，导致引水困难，因此也急需兴建险工，控制河势，确保引水安全。

此外，要安定黄河滩区人民的生产生活、保证桥梁安全、发展航运，也需要兴建险工，对黄河河道进行整治。

【建设历程】

一、早年的铜牙城、铜瓦厢

黄河险工早在西汉年间便已出现雏形，到明代中期，其数量已经不少，今天的东坝头险工，其前身是铜牙城和铜瓦厢集镇。

铜牙城相传在秦朝就是驻军城池。金大定十一年（1171年）黄河南徙后，首次临河。至明代成为黄河漫转东南、夺淮入海的转折点，也就是黄河故道的起点。明朝都御史刘大夏在此设立了兰考县历史最早的水利职官——管河主簿。正德六年（1511年），明朝廷在此设管河厅。嘉靖二十一年（1542年），又升格为河道分司。伴随着行政级别提升和责任加重，铜牙城也由渡口逐渐发展为繁华的集镇。到了清代，这里的险工因贴护着黄色的琉璃瓦，远望如铜墙铁壁，故称"铜瓦厢"。

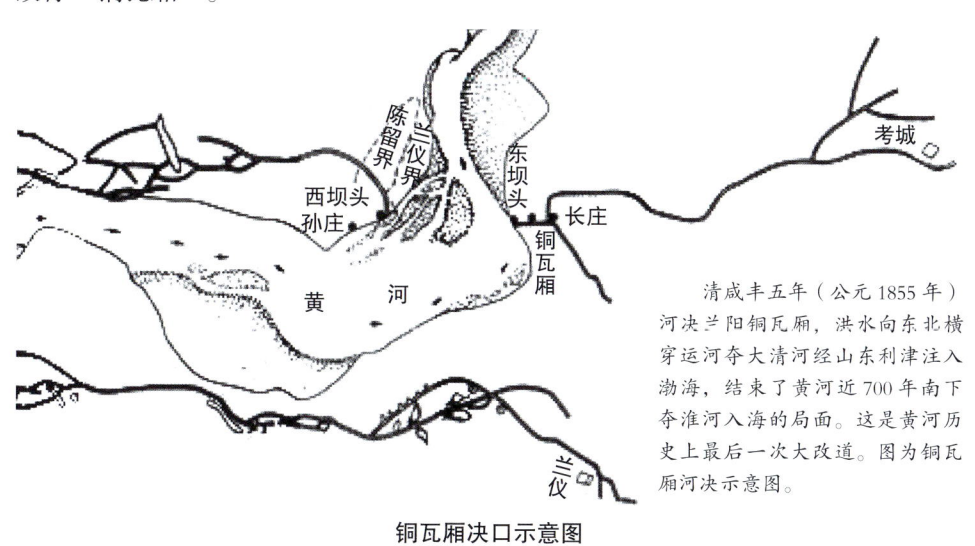

清咸丰五年（公元1855年）河决兰阳铜瓦厢，洪水向东北横穿运河夺大清河经山东利津注入渤海，结束了黄河近700年南下夺淮河入海的局面。这是黄河历史上最后一次大改道。图为铜瓦厢河决示意图。

铜瓦厢决口示意图

清初，铜瓦厢险工"距交界900余丈"。雍正三年（1725年）板厂堵口后，铜瓦厢集镇兴建了长四百七十一丈的越堤头堡，它就是东坝头险工的雏形。乾隆五十四年（1789年），由于大溜溃坝，铜瓦厢险工大坝分为上坝、下坝两段。嘉庆末年，越堤头堡向下延伸，与四堡坝埽相连，铜瓦厢险工范围由此扩大。

这些护岸工程虽然金光闪闪，但大多耐久性差，特别是水上部分，即使年年加固，仍经不住洪水的冲刷。因此1855年黄河决口改道后，铜瓦厢险工尽数被毁，小镇也不见踪影。直到清代末年，因战乱频繁，国力有限，铜瓦厢险工仍未修复。

二、民国时期的东坝头

1912年（民国元年），因洪水影响，黄河在东坝头以上2000米处再度坍塌，当地政府组织民力抢修3座垛，开始重建东坝头险工。1914年，政府又组织民力在位于今天28号坝的位置集中抛石，以防坍塌。此后直到1924年，全长1513米的东坝头险工终于集中连片，极大地改善了兰考地区的防洪形势。因此，1924年也被认为是东坝头险工的建成之年。

只是由于政局动荡，战争频繁，国库空虚，民国时期的东坝头险工不仅数量有限、质量不高，而且大多重建轻管，不能抵挡黄河水患；因此一遇洪水仍是险象环生，黄河水灾依然频繁深重。

三、新中国成立后的险工建设

新中国成立后，兰考人民在中国共产党的领导下揭开了治黄新篇章。

1949—1957年，各级政府根据河势变化和堤坝情况，政府组织民力，对东坝头险工进行了配套扩建。1952年10月30日，毛泽东主席视察黄河时，察看了建设中的东坝头和杨庄险工，询问了治黄职工的劳动生活情况，随后发出"要把黄河的事情办好"的号召，广大人民深受感动，高质量完成险工加固。初步形成了较为科学、完整的险工的体系。

1975—1977年，国家对兰考黄河大堤进行了加高培厚，使其顶宽8~10米；并对堤防险要处修筑了前戗或后戗，加上历年新建、改建和修建险工，锥探灌浆，捕捉害堤动物，消灭隐患，植树植草等，提高了黄河堤防的抗洪能力。

1952年10月，毛主席视察黄河

四、九五期间的高标准整修

"九五"期间（1996—2000年），兰考县河务局借鉴黄河"三口"（花园口、黑岗口、柳园口）建设经验，自筹资金100余万元，对东坝头险工进行高标准整修，主要内容如下：

首先，是对东坝头险工进行加高改建，由散抛石护坡改为平扣石护坡，对险工备防石高标准码放，力求达到边口一致、整齐划一，并在每年汛前对根石进行加固。目前坝前的根石深度已达15米左右。

其次，是将东坝头险工与石料场用透光钢栏墙隔离开来，既有利于工程管理，又利于对石料的核查与验收。

第三，是用黏土对坝面进行包淤，达到坝面平整。

第四，是更换了险工简介牌、根石探摸断面桩、查河标志桩、防汛责任制标牌等多种标志。

第五，是对险工上堤路口进行硬化，废除了影响工程完整的老渡口，改置新渡口。

第六，是对险工周边环境进行美化。1999年春季，兰考县局请开封市园林处专业园林设计人员对东坝头险工进行绿化、美化设计，并组织局内工程技人员按照图纸进行放样、施工，发动职工自己动手，在险工上栽植花木 50 多个品种，4500 多株，使东坝头险工四季常青，三季有花。成为花园式工程，以及向世人昭示黄河精神和传播黄河文化的一扇窗口。

五、2018 年的全面整修

2018 年，兰考河务局严格按照黄委示范工程创建标准，对东坝头险工进行全面整修，建立了集旅游、防洪、经济效益为一体的示范段。为进一步整合资源、提升品质，兰考河务局结合县政府规划，正着手建设以东坝头险工为核心，集黄河防洪工程、绿色生态廊道和红色旅游资源为一体的综合性水利风景区——兰考黄河水利风景区。

【工程简介】

一、工程概况

东坝头险工位于兰考县城西北 12 千米，黄河岸边，全长 1513 米。由 1 道坝、16 座垛、12 段护岸，共计 29 项防洪工程组成。

险工的坝顶高程 76.50~75.94 米，根石台顶高程 72.89~73.50 米，根石平均深度达 15 米左右。

工程为土石结构，防洪标准为千年一遇（花园口站 22000 立方米每秒）。

二、工程特色

东坝头险工，集中展示了我国险工，尤其是黄河下游险工的悠久历史和高超水平。

黄河险工，又称"埽工"，据记载，早在西汉成帝时（前 32—前 6 年）就已出现。宋太祖时遍及沿黄地区。宋太宗曾在淳化二年（991 年）诏示："长吏以下及巡河主埽使臣，经度行视河堤，勿致坏隳，违者当置于法"，制定了最早的法律规章。到了元代，黄河险工有岸埽、水埽、龙尾埽、拦头埽、马头埽等 5 种，做埽方法也有改进，出现了软厢法。到清道光五年（1825 年）开始抛碎石护根。道光十六年（1836年）又开始修筑砖埽，但直到新中国成立，黄河险工多为砖、石、柴并用的工程，防洪能力很低。

新中国成立后，我国的险工建设水平有了长足进步，先后出现了多种工艺。主要分砌石坝、扣石坝和乱石坝三大类。其中砌石坝、扣石坝合称为砌垒坝。其坦坡表面都有一层经过适当加工的沿子石镶护，内填复石。其中砌石坝属重力式，坦坡较陡，砌垒严密，外表整齐美观，但坝体压力集中，对地基强度和根石基础要求较高。而扣石坝属轻型坝，边坡较缓，可将坝身压力均匀分布在土坡上，稳定性好，比较安全；但用工多、投资大，加抛根石难度较大。

而乱石坝属轻型坝，其主要优点是边坡缓，稳定性好，对根基没有特殊要求，特别是坦石能随根基自由下垂，抛石抢护容易，省工省料。因此特别适用于河床变形强的黄河下游河段，不仅可用于险工，还在控导护滩工程中广泛使用。据统计，在黄河下游险工中占比超过90%。其主要缺点也比较突出：一是表面粗糙，不太美观；二是当坦石薄弱或坝胎为沙土时，容易发生掏塘子险情。

东坝头险工因地制宜，除在新1垛—9护岸和16垛—28坝段采用平扣结构之外，还利用10垛—15护岸的中间区段，向世人展示我国险工的9种工艺——浆砌石、龟背扣、席花子扣、牛舌粗排、乱石粗排、乱石平排、单层平扣平缝、丁扣平缝、平砌平缝工艺，可谓集黄河除险工艺之大成。这也是东坝头险工最大的技术特色。

建于东坝头险工的教学坝

三、工程效益

东坝头险工是黄河下游河道整治的重要节点，起着扭转整个河势的作用。新中国成立70多年来，工程长年经受大溜顶冲，但从未出过大的险情，有效改善了黄河大堤的防洪能力。为兰考人民战胜1958年7月（2.23万立方米每秒）、1982年8月（1.53万立方米每秒）等特大洪水，以及2003年9月历时最长的秋汛，做出了贡献。保障了沿岸地百姓的生命财产安全，也为黄河治理与黄河流域社会经济高质量发展做出了贡献。

四、工程荣誉

（1）2020年8月10日，荣获水利部黄河水利委员会法治文化建设示范基地。

（2）2020年10月，荣获水利部黄河水利委员会兰考东坝头法治文化示范基地。

（3）2020年11月，荣获河南黄河河务局黄河水利基层党建示范带"治黄工程与黄河文化融合展示基地"。

（4）2021年，荣获河南河务局首批黄河文化融合示范工程。

（5）2021年，荣获水利部水工程与水文化有机融合案例。

（6）2022年9月，荣获河南省第三批省直机关主题党日活动基地。

【文化解读】

兰考东坝头像一颗璀璨的明珠，记录着黄河最后一弯的沧桑巨变，展示着大河长治、造福人民的美好画卷，带领黄河文化爱好者从黄河最后一弯变迁的视角领略黄河治理的历程，感受大河奔腾的魅力。

一、历史弯道，见证黄河记忆

东坝头原名铜瓦厢，是一处繁华的集镇。清咸丰五年（1855年）六月，黄河、沁河、洛河水量同时猛涨，三门峡以上黄河水量暴涨，含沙量非常高，流经兰考地区,流速减缓,河床大淤,南风挟带巨浪冲破了左岸大堤,繁华集镇铜瓦厢被冲入河道。至此,黄河结束了700余年夺淮入黄海的历史,转而折向东北夺大清河流入渤海。黄河的左岸大堤被冲断后,在东边留下了一段断堤头,也是"东坝头"名字的由来。

据史料记载,黄河历史上共发生过五次重大改道,第一次大改道发生在公元前602年的浚县宿胥口,第二次大改道发生在公元11年的魏郡,第三次大改道发生在1048年的濮阳,第四次大改道发生在1128年的滑县李固渡,但目前均已经看不到痕迹。唯有1855年发生于兰考铜瓦厢的决口,不仅留下了现行河道,还留下了东坝头、西大坝这样的历史遗迹。

在东坝头险工,黄河从西奔腾而来,在此骤然转向东北,只需登高远望,就可看到当年大改道的震撼场面,其险恶之势,令人有惊心动魄之感。也会对黄河之险,黄河堤防之重要和黄河心存敬畏。同时也会对新中国的治黄人心存感激,对治黄事业的高质量发展心生喜悦。

黄河最后一弯全景

二、伟人足迹,展现家国情怀

水利是国民经济的命脉,治水是党中央最为关心的大事之一。1952年10月30日,毛主席第一次出京视察就决定视察黄河,他在东坝头险工和杨庄险工查看了大堤和石坝,询问了当年农民的生产生活情况。其间,时任黄委主任王化云向毛主席汇报了黄河的历史灾害，谈到道光二十三年黄河曾发生大洪水。有民谣说："道光二十三，黄河涨上天，冲走太阳渡，捎带万锦滩。"也谈到了除害兴利、综合治理、蓄水拦沙、消除洪水灾害的初步设想。

在查看大堤石坝时，毛主席问王化云："黄河涨上天怎么办？"王化云道："不修大水库，光靠这些堤坝挡不住。"毛主席问："准备在哪里修水库？"王化云答："在邙山（桃花峪）。"毛泽东站在黄河堤坝上，凝神望着黄河水说："要彻底治理黄河水害，解决泥沙淤积问题，使黄河永远不泛滥、不决口、不改道。"他又对吴芝圃、陈再道、毕占云、王化云等说："你们要把黄河的事情办好！"

第二天毛主席还登上邙山查看了黄河形势。毛主席第二次见到王化云时询问了邙山水库进展情况。王化云汇报由于地质等原因准备改在三门峡。1958年8月，毛泽东再次来到兰考，视察黄河治理和农田建设。毛主席多次听取王化云的汇报，表现了对黄委提出的治黄方略的认同和支持，为中华人民共和国成立后第一部江河综合治理与开发规划——《关于根治黄河水害和开发黄河水利的综合规划》奠定了坚实基础。

三、人民领袖，擘画治黄蓝图

从生产大队党支部书记，到泱泱大国最高领导人，40多年来，习近平同志无时无刻不牵挂着人民群众的冷暖安危。特别是党的十八大以来，习近平总书记始终怀揣一颗"为中国人民谋幸福、为中华民族谋复兴"的初心，高位谋划事关百姓民生的水利事业特别是人民治黄事业。早在2009年，时任国家副主席的习近平专程到兰考县焦裕禄纪念园拜谒焦陵，致敬忠魂，把焦裕禄精神概括为"亲民爱民、艰苦奋斗、科学求实、迎难而上、无私奉献"，并亲手种下一棵泡桐。

2014年3月14日，习近平总书记站位全局，专门针对水利工作发表的重要讲话，提出了"节水优先、空间均衡、系统治理、两手发力"的治水思路。2014年3月17日，习近平总书记赴兰考调研，专门来到位于东坝头乡的黄河岸边，伫立远眺，到"毛主席视察黄河纪念亭"前逐字阅读碑文。总书记此行还来到张庄村，不时向有关人员询问黄河防汛状况，详细了解黄河滩区群众的生产生活情况，并叮嘱开封、兰考的干部要切实关心贫困群众，带领群众艰苦奋斗，早日实现脱贫致富。

2019年9月18日，习近平总书记在郑州主持召开黄河流域生态保护和高质量发展座谈会并发表重要讲话，发出了"让黄河成为造福人民的幸福河"的伟大号召，道出了大江大河治理的使命是为人民谋幸福，大江大河治理的定位事关中华民族的伟大复兴和永续发展千秋大计，也开创了黄河治理保护的新纪元。

2014年3月，习近平总书记视察东坝头

四、扎根群众，谱写初心篇章

黄河自金代流经兰考县境的800多年里，有记载的漫溢决口改道共143次，20世纪50年代末，兰考的自然环境日趋恶化，春天风沙打毁麦苗，夏秋洪涝淹坏庄稼，盐碱地上的禾苗又几乎都被碱死。民谣说："春天风沙狂，夏天水汪汪，秋天不见收，冬天白茫茫，一年辛苦半年糠，扶老携幼去逃荒，卖了儿和女，饿死爹和娘。"因此，当地人又把内涝、风沙、盐碱称为"三害"。

1962年，焦裕禄临危受命来到兰考县，到任前，他就已经知道自己将要面对的是什么，党组织也明确告诉他，兰考是一个最穷、最困难的县。他却坚定不移地向组织表示："感谢党把我派到这最困难的地方"，"不改变兰考的贫穷面貌，我绝不离开"。焦裕禄在兰考县成立了除"三害"办公室，并亲任办公室主任，从全县抽调120名干部、群众、技术员，组成"三害"调查队，在全县大规模地查风口、探流沙、追洪水，长途跋涉5000多里，记录全县84个风口，

1600座沙丘，把全县所有的洼地、淤塞的河道全部绘图编号。在焦裕禄同志的带领和焦裕禄精神的引领下，85万兰考人民顽强拼搏、奋发图强，战胜了内涝、风沙、盐碱，也摘掉了戴了几十年的穷困帽子。

如今，作为最能代表黄河决口改道的工程，东坝头险工被焦裕禄干部学院作为现场教学点，以"焦桐树下固信仰，黄河坝头学精神"为主题，现场介绍焦裕禄同志带领兰考县人民战风沙、斗内涝、治盐碱的感人故事，学习他"亲民爱民、艰苦奋斗、科学求实、迎难而上、无私奉献"的深厚情感和公仆情怀，在大河之畔感悟人民书记的为民初心，传承共产党人的红色基因。

五、大河儿女，守护岁岁安澜

善为国者，必先治水。兰考人民在中国共产党的领导下，迎着新中国成立的曙光，揭开了人民治黄的新篇章。陈兰黄河修防段（兰考黄河河务局前身）于1949年2月建立，担当务实的治黄人当年就对东坝头至下界的黄河大堤进行培修，抢修了东坝头险工10座工程，改造了杨庄险工6道透水柳坝，确保了1949年9月花园口站12300立方米每秒的洪水安全通过，迎接了新中国的诞生。新中国成立后，毛泽东主席、习近平总书记都多次亲临兰考黄河视察，询问黄河防汛情况。殷切嘱托转化成了治黄职工强大的精神力量。依靠防洪工程体系，兰考治黄人在极端天气下昼夜奋战，战胜了历年洪水。尤其是1955年1月凌汛，改变了历史上人们对凌汛无能为力的被动局面。

一代代大河儿女高高举起"忠诚、干净、担当，科学、求实、创新"的新时代水利精神，接续传承"团结、务实、开拓、拼搏、奉献"的黄河精神，彻底扭转了历史上兰考黄河洪水泛滥的险恶局面，携手共创70余载黄河岁岁安澜的历史奇迹，有力保障了85万兰考人民生命财产的安全和经济社会的快速发展。

六、人水和谐，绘就幸福画卷

兰考属于干旱缺水地区，年均降雨量只有650毫米左右，而年均蒸发量却高达1000多毫米，农业发展、脱贫致富、群众生活都对黄河水充满了需求。1958年建成的三义寨引黄闸，拉开了兰考人民引黄兴利的序幕；1968年建成的东方红提灌站，灌区涵盖东坝头、爪营、谷营、圉阳、红庙、阎楼6个乡镇，后新建站首工程，灌溉面积达到 15 万亩；1991 年建成东坝头电灌站，灌溉面积同样达到 15 万亩；2012 年重建三义寨引黄闸，建成后灌溉面积达到 426 万亩，不仅造福了兰考，还滋养了周边的民权、商丘等地区。多年来的引黄供水，黄河水已由单纯的农业灌溉发展成为城市、农业、工业、生态等多功能供水，黄河水资源的利用与兰考经济发展更紧密地联系在了一起。

随着经济社会的发展，人民群众对于黄河的需求已由单一的除害兴利拓展到对防洪保安全、优质水资源、健康水生态、宜居水环境和先进水文化的总体需求。新时代的兰考治黄人接过建设幸福河的历史使命，不断提升水旱灾害防御能力，保障群众生命财产安全；积极在临黄大堤两侧和滩区进行生态植树，种植各类树木 20 万亩共 138 万棵；大力整治直接影响水质的"四乱"问题，大幅度提升黄河自然岸线保有率、水功能区水质达标率等；围绕黄河大堤和东坝头控导连坝路打造了旅游景观带、马拉松赛道、自行车慢道、十里梅林、十里桃花、十里梨花等多彩林带，全长 43.08 千米，建设"河畅、水净、岸绿、景美"的美丽黄河，绘就人与自然和谐共生的幸福画卷。

【水文化建设】

东坝头险工像一位忠于职守的"卫士"，护送着万里长河在这里完美转身、安澜入海。兰考黄河河务局凭借"黄河最后一弯"的独特地理优势，秉承"打造优质水资源、健康水生态、宜居水环境、先进水文化、现代水管理"的建设理念，综合运用系统思维、"文化+"大融合思维及艺术化思维，将东坝头独有的黄河历史文化资源转变为集水文化、水法治、水经济于一体的综合效益展示平台，"一园""一馆""一广场""十二景观"的设计思路应运而生。建成后的景观像一台时光机、一本回忆录、一个影片播放器，将黄河文化、红色文化、法治文化、党建文化清晰地展现在世人面前，传递满满的正能量。

一、硬件建设

党的十八大以来，在黄委会和河南黄河河务局领导下，兰考河务局携手兰考县政府，统筹规划，深挖黄河文化，结合兰考县发展趋势，将东坝头险工规划建设为集黄河文化、绿色生态、红色记忆、法治文化等为一体的公众开放区。2017年2月依托黄河自然生态资源，以工程为载体，整合兰考河务局机关旧址、兰坝铁路支线、东方红提灌站等资源，进行了统一规划、统一开发、统一管理，多层次、多角度展示黄河的历史积淀及治理历程。东坝头险工先后挂牌焦裕禄干部学院现场教学点、河南省水利科普教育基地、全国法治宣传教育基地，是大家了解黄河历史文化的绝佳去处。

兰考东坝头险工段核心区内景观

（一）亭——毛主席视察黄河纪念亭

1978年，为缅怀毛主席的丰功伟绩，纪念毛主席1952年视察黄河兰考段的珍贵历史，中共兰考县委、兰考县革命委员会在东坝头杨庄小学紧邻黄河大堤处修建了一座"毛主席视察杨庄小学纪念亭"，同年7月确定为文物保护单位。2004年由于标准化堤防建设需要，在确定原址纪念亭无法实施修缮保护的情况下，将纪念亭搬迁到东坝头险工，2007年9月，正式建成了备受世人瞩目的毛主席视察黄河纪念亭。纪念亭为正方形，双重檐，宝盖顶，上嵌黄色琉璃瓦，高9米，边长10.18米，8个台阶。亭上正中东西两面镶汉白玉"毛主席视察黄河纪念亭"10个字，亭中立青石碑，碑阳正对黄河大转弯，上刻毛主席手书"要把黄河的事情办好"，碑阴刻毛主席1952年10月30日和1958年8月7日两次来兰考视察工作的经过。2014年习近平总书记到兰考县调研指导党的群众路线教育实践活动时，曾来此参观。

毛主席视察黄河纪念亭

（二）点——现场教学点

兰考是焦裕禄精神的发祥地，为大力传承弘扬焦裕禄精神，焦裕禄干部学院将东坝头险工作为其现场教学点，每年约有40万游客来此参观学习焦裕禄精神，了解焦裕禄同志带领兰考人民治理风沙、盐碱、内涝"三害"的光辉历史。

（三）坝——工艺教学坝

以毛主席、习近平总书记视察黄河伫立之地东坝头险工14垛为基础，在10垛—15护岸段打造了黄河防洪工艺教学坝，完整展示9种坝工技术，把坝工技术作为展示河南治黄文化的靓丽窗口，依托工艺教学坝开展治黄文化宣传。

（四）园——1952文化园

利用兰考河务局机关旧址建设，以毛泽东主席第一次视察黄河时间节点命名，按照原有的风格对院内建筑物加以改造，在保留建筑本身历史旋律的同时使建筑空间更具建筑美感，打造20世纪50年代主题风格的民宿，园内分为文博区、会务区、餐饮区、住宿区，共30栋房子，核心建筑为文博区的安澜文化展览馆，在方便游客的同时，肩负起传播黄河文化、带动地方经济发展的重任。

兰考1952文化园

（五）车——"法治号"小火车

兰坝铁路为兰考到东坝头铁路支线，建成于1951年，主要用于运输兰考、封丘、长垣、濮阳、东明等地防汛石料。1952年毛主席视察兰考黄河时，就乘专列从陇海铁路经此支线直至东坝头，并乘小火车视察险工建设。兰坝铁路现运营长度约4.25千米，为防洪专线。景区以毛主席视察东坝头为依托，以习近平总书记系列重要讲话精神为指引，在车厢中浓缩展示依法治河管河精神。小火车现已经成为传播法治文化和法治精神的一道移动风景线。

毛主席乘坐的专列及兰坝铁路

（六）区——普法电教区

利用电子技术建设的普法电子教育区，设置大型电子显示屏、普法观看区，每日滚动播放法治作品、法治口号和法律法规知识，以文化作品的形式普及法律知识。

（七）道——沿河步道

步道采取木质仿古风格依河而建，共设置宣传板块127块，主要涉及宪法、习近平总书记在黄河流域生态保护和高质量发展座谈会上的讲话精神、"十六字"治水思路、黄河文化、生态保护等内容，成为科普黄河文化知识、传播黄河文化的重要宣传阵地。

（八）廊——治黄文化长廊

长廊以毛主席纪念亭为中心，南北两侧共修建两处，内容为黄河概况篇、河道变迁篇、黄河水患篇、党和国家领导人重视治黄篇、治河方略篇及治黄成就篇六大篇章，共24块展板，糅合多种黄河文化元素，集中向人们展示兰考治黄历史、治黄故事。

二、软件建设

黄河流域生态保护和高质量发展座谈会后，黄河的治理与保护，紧紧围绕习近平总书记提出的"加强生态环境保护、保障黄河长治久安、推进水资源节约集约利用、推动黄河流域高质量发展、保护传承弘扬黄河文化"五个要求，河南黄河河务局兰考黄河河务局牢牢把握"治理黄河，重在保护，要在治理"的内涵，进一步完善集多种文化于一体的东坝头险工文化宣传阵地，以工程全线备防石为载体，喷绘黄河文化宣传标语，新增宣传标牌，更新全线交通标识，详细准确标出黄河文化遗址位置，引导群众游客驻足了解，工程全线文化氛围愈发浓厚。

与此同时，兰考黄河河务局通过充分研学伟人足迹，以讲好中国共产党治黄故事为抓手，以"一部黄河史记、一首黄河悲歌、一段伟人足迹、一座治黄丰碑、一腔护黄情怀、一条研学之路"为主线，通过雕塑设计、景观设计、艺术装置设计、植物配置设计等工艺品，在"特色和精品""研和学""文化与互动"上下足功夫，打造展示黄河文明，传承黄河文化，突出兰考黄河特色的中国共产党治黄故事讲述地——万步研学之旅，并使其成为体现中国特色社会主义制度的优越性、助推中国共产党党员坚定"四个自信"、凝聚精神动力的党性教育基地。

黄河文化宣传栏

（一）讲好黄河故事，传播黄河文化

近年来，兰考黄河河务局以此毛主席视察黄河纪念亭为核心，在纪念亭两侧打造了黄河文化围廊，通过"黄河起源""河道变迁""治河方略""兰考黄河"等篇章讲述黄河治理的历程。

如今，兰考东坝头已成为弘扬黄河文化、讲好黄河故事的重要宣传窗口。"毛主席视察黄河纪念亭""研学步道""焦裕禄精神现场教学点""1952文化园""工艺教学坝""治黄文化长廊"等多重特色景观依河而建，成为当地群众追捧的"打卡地"。人们在此既可以感受明清河道的历史沧桑，又可以欣赏现行河道的波澜壮阔；既能领略铜瓦厢古镇的繁华，又能感受现代防洪工程体系的震撼。"兰考东坝头也为兰考乡村振兴的蓬勃发展助力添彩，成功打造成为一张黄河流域生态保护和高质量发展的新名片"。

东坝头险工水文化宣传阵地融景观、历史、人文为一体，突出红色基因，建成之后，年均接待全国县委书记培训班等大型红色教育团体30余次，接待游客40余万人次，开启了讲好黄河故事的新征程，让游客在欣赏大河景观的同时，领略黄河文化的魅力。

（二）讲好领袖故事

时刻提醒兰考治黄者要牢记毛主席视察黄河时的殷殷嘱托，鼓舞兰考治黄人为实现黄河长治久安而不懈奋斗。

2014年3月17日，习近平总书记来到兰考，专程赴东坝头险工询问黄河防汛情况，了解黄河滩区群众生产生活情况，并在东坝头险工14垛凝望"九曲黄河最后一道弯"的壮观景象。围绕东坝头险工14垛，兰考黄河河务局与属地政府共同打造了焦裕禄干部学院现场教学点、黄河河道变迁研学点和兰考黄河洪水防御讲解点，一时汇集了社会各界的"聚光灯"，成为兰考东坝头又一个文化"闪光点"。

（三）讲好兰考故事，打造凝聚精神动力的党性教育基地

兰考是焦裕禄精神的发源地，东坝头是当年焦裕禄书记带领兰考人民战风沙、治盐碱、除内涝的主战场。

兰考黄河河务局局长胡云英说："兰考东坝头承载着丰富的红色文化、黄河文化、历史文化和风土人情，险工工程稳定牢固，近年，地方政府大力发展红色教育和红色旅游，我局抢抓发展机遇，明确自身职能定位，在当好地方政府的参谋助手的同时，着力将东坝头打造成为兰考黄河对外的一张靓丽名片，为兰考高质量发展及周边乡村振兴提供良好的环境，这也将是我局对黄河文化的开拓方向和发展目标。"

兰考人民治理黄河近70年的历程，波澜壮阔，成就斐然。现在人们进兰考，映入眼帘的景象是绿树成荫，沃野千里，这片土地，饱含着党和政府的高度重视以及社会各界的大力支持，镌刻着老一辈创业者的不朽业绩，凝聚着几代建设者的心血和汗水，也见证了兰考治黄事业不断开拓进取、从胜利走向胜利的坚实足迹。黄河防汛不容松懈，兰考治黄人仍需发扬裕禄精神，再接再厉，让桐花辉映大河，让兰考大地永保安澜。

走进新时代，总书记亲自为黄河流域生态保护和高质量发展把脉施策，擘画了新时代黄河保护和发展的新蓝图，开辟了新时代黄河保护治理工作的新视野。沐浴在焦裕禄精神下的黄河兰考段，将继续以此为新起点，持续推动黄河水工程与水文化融合更上一层楼。

兰考东坝头景区内黄河文化宣传栏

【延伸阅读】

● 铜瓦厢大决口

给兰考人民造成深重的灾难。险工所在地铜瓦厢原为一重要集镇，在1855年黄河最后一次决口改道时已被冲得不见踪影，只留下东坝头这一历史遗迹。

说起兰考东坝头，不得不提它的前身铜瓦厢。

清朝咸丰五年（1855年）农历六月中旬，黄河发生了大水，从十五日至十七日，下游水位接连上涨，当时管辖祥符（今开封）、陈留（今开封市陈留镇）、兰阳（今兰考县）三县北岸堤防的"下北厅"水位骤然升高一丈一尺以上。十七日晚，又下了一场大雨，水势更加汹涌，"两岸普律漫滩，一望无际，间多堤水相平之处"。十八日，铜瓦厢三堡以下的无工堤段"登时塌三四丈。仅存堤顶丈余，签桩厢埽，抛护砖石，均难措手"。晚上，南风大作，风卷狂澜，波浪掀天。六月十九日（1855年8月1日），这段堤防终于溃决，眨眼间，铜瓦厢被一鼓荡平，沉于河底。翌日，决口已刷宽200米，全河夺溜，一河狂涛由决口倾泻而下。黄河在今河南省兰考县北部决口，酿成著名的铜瓦厢改道。这次决口改道不但结束了七百多年黄河南流的历史，而且是当今黄河下游形成的直接原因。铜瓦厢决口改道后，原为左岸的大堤被一分为二，一端在此处变成了新河右岸的一段断堤头，"东坝头"一名由此而生。位处今封丘县境的另一端，与之相对应，称为"西大坝"。

● 东坝头河湾工程

东坝头河湾由东坝头险工和东坝头控导工程、夹河滩护滩工程共同组成，上迎封丘县贯台控导工程来溜，下送溜至封丘县禅房控导工程。

东坝头河湾是东坝头以下河道整治龙头，又是1855年决口改道处，槽高滩宽曲折复杂，堪称黄河卡口，豫鲁咽喉。按照"确保大堤不决口、河道不断流、水质不超标、河床不抬高"的治黄新要求，兰考黄河防洪工程体系已初步建成，共计7处河道工程。包括：3处黄河险工（东坝头险工、杨庄险工、四明堂险工）、2处控导工程（东坝头控导工程、蔡集控导工程）、1处滚河防护工程（四明堂滚河防护工程）和1处护滩工程（夹河滩护滩工程），共计186道（段）坝、垛、护岸。43千米的堤防工程如万里长城巍然屹立于兰考黄河岸边。

● 人民的好书记焦裕禄

1962年，为治理兰考县严重的自然灾害，焦裕禄临危受命，调任兰考县委书记，带领兰考人民对风沙、内涝、盐碱"三害"开展了不屈不挠的斗争，并在这种抗争和奋斗中产生了焦裕禄精神等，不仅成功战胜了"三害"，而且引黄灌溉，将黄河化害为利。

（本文照片均由兰考黄河河务局提供）

引黄济青工程调蓄水库——棘洪滩水库

5 引黄济青润齐鲁

【概述】

横贯齐鲁大地的引黄济青工程，是党中央、国务院和山东省为缓解青岛地区水资源短缺矛盾，于"七五"期间投资兴建的大型跨流域、远距离调水工程，也是山东省在20世纪投资最大、距离最长的调水工程。进入21世纪后，工程承担起向烟台、威海等胶东地区供水重任，成为南水北调东线山东"T"字形调水大动脉的重要组成部分，在改善水生态环境、构建山东大水网体系、实现全省水资源优化配置方面发挥着重大作用。

【兴修缘由】

引黄济青工程的兴修缘由与引碧入连工程大体相似，它源于青岛高质量发展必须解决的本地水资源不足难题。其构想经历了较长历程。

一、青岛缺水

青岛位于山东半岛西南部，是我国北方重要的经济中心和沿海开放城市，国家历史文化名城和著名海滨旅游胜地，经济总量、人均GDP指标和综合竞争力长期位居山东省首位。

然而，与大连类似，青岛这颗镶嵌在祖国黄海岸边的闪光珍珠，年均降水量及河川径流量并不算少，但时空分布不均，且缺乏蓄水条件，大量径流在洪水时奔流入海，枯水时干涸断流，如果遇上降水较少年份，就会遭遇缺水难题。

20世纪60—70年代时，因经济增长、人口增加，青岛缺水问题日趋严重，经常出现居民生活用水限量、定时，工业企业停产、限产情况。1981年青岛市遭遇罕见旱情，全市中小型水库绝大多数枯竭，人畜吃水发生严重困难。此后三年，青岛全市每人每天限量供水30斤，一个月最多不能超过半吨。全市缺水难题前所未有。

二、应急供水无法解决问题

为解燃眉之急，国家曾投资近亿元，在大沽河流域开展了四次应急供水工程。第一次在1968年，当年全年降水467毫米，崂山水库存水只够居民以最低限额饮用38天。于是开挖了18千米明渠并利用桃源河引取大沽河水支援青岛。第二次在1977年，崂山水库汛末存水仅350万立方米，大沽河断流，市区地下水位大幅度下降，只得在大沽河沿岸新打机井眼，修建输水暗渠和管道，明、潜流合取输水青岛。第三次在1981年，当年降水308毫米，属百年不遇的大旱年，无水可调。只能在胶县、即墨、平度一带增打新井眼，同时利用民井勉强维持供水。第四次在1983年，大沽河连续三年断流，地下水位极度下降，部分水井干涸，不得不到大沽河上游的平度、莱西县境内开辟新的水源，新打机井，同时还修建了通往产芝、尹府两座水库的管渠，勉强保证最低供水。

但应急工程不能从根本上解决问题。相反，由于连续超采地下水，造成大沽河沿岸堤防出现多处裂缝、塌坑，还有不少房屋也发生裂缝。

找水无门那就造水！有人大胆设想，搞海水淡化。但一番论证后发现，以当时的科技能力，淡化出 1 吨淡水，成本太高不说，还至少需 1 吨半石油……

为解决青岛市供水问题，山东省委、省政府想尽办法。曾召集有关部门对本市可能作为水源地的崂山、大沽河、潍河、五龙河等水系做了分析研究，先后提出过多个方案。如截引大沽河汛期洪水的桃源水库方案，在崂山东、北麓新建小水库方案和从五龙河桥头取水，建成崂山月子口水库方案等。但这些河流不仅水量缺乏，而且丰枯时节与青岛市同步，即青岛市缺水时，这些河流无水可调；而这些河流有水可调时，青岛市又不缺水。调水效率大打折扣。

青岛缺水的问题牵动着中央领导的心。早在 1979 年 7 月，邓小平在青岛视察时，就明确表示，青岛连水都没有，这怎么搞改革开放？青岛是工业城市、旅游城市，没水工业怎么发展？没水怎么接待国外客商？青岛要发展，必须首先解决水的问题。

邓小平认为，缺水的问题不解决，青岛就不能发展。要从根本上解决，眼光必须向外。

1979 年，小平同志视察黄岛

三、黄河有余水可调

与青岛相比，横贯山东西北的黄河是山东第一大河，虽然当时也面临着严重的缺水问题，但仍有余水可调；而且其丰枯水时段与青岛市存在差异，通过跨流域调水，不仅可为青岛市提供稳定水源，还可为沿途群众提供工农业用水。这对于促进胶东半岛的开发、振兴山东经济均大有裨益。

【建设历程】

一、前期工作

1982年1月，城乡建设部会同山东省有关单位在青岛市联合召开了"青岛市水源研究讨论会"，正式提出"引黄济青"的设想。9月，国家计委、经委、水电部和城乡建设部派出联合调查组现场考察，确认跨流域从黄河调水是解决青岛供水的重要途径。

1983年，《国务院关于青岛市总体规划的批复》明确指出："为解决远期城市用水的需要，省、市与有关部门要抓紧进行从其他地区水系引水方案的可行性研究。"

1984年7月，李鹏、万里等中央领导乘直升机视察了黄河，在济南听取了水电部部长钱正英关于"引黄济青"工程的方案汇报。表示明渠供水方案好，综合效益大，并要求省里尽快搞出可行性研究报告，邀请国内有关专家审查，同时还要求尽快施工，争取两年内建成送水。1985年8月，上报修正设计任务书，得到国家计委批准。

与此同时，山东水利勘测设计院和上海市政工程设计院联合完成工程的初步设计。

二、审批过程

1984年10月，山东省向国务院上报引黄济青工程设计任务书。10月29—31日，水电部会同国家计委、建设部在北京召开审查会，初步确定向青岛市区供水规模为55万立方米每日。中央确定"拨改贷"投资5亿元，其余投资均由山东省、青岛市自行解决，并做出明渠和管道输水两个方案。

山东省水利厅派员分赴上海、北京、兰州、苏州考察管道输水工程，赴天津考察引滦入津工程，做出了明渠、明暗渠结合及管道输水3个方案。

1985年5月，国家计委发出《关于进一步论证"引黄济青"方案的通知》，要求进一步对明渠方案与管道方案进行比较，同时将供水规模缩小为30万立方米每日。7月，山东省工程进行修正设计，上报国务院审批同意。

1985年10月，国家计委正式批复引黄济青工程设计方案，并明确将其作为地方重点建设项目列入国家计划。

1985年12月25—29日，山东省政府商同水电部、建设部在济南对引黄济青工程初步设计进行审查，认为其符合国务院批复精神，设计深度和广度基本上达到了国家规定的要求，设计的指导思想、总体布置、工艺流程等方面是合理的、可行的。

1986年，山东省政府正式批复工程初步设计，引黄济青工程转入施工准备阶段。

三、工程建设

1986年4月，山东省组建引黄济青工程指挥部，副省长卢洪任总指挥，有关市、县也成立了自己的工程指挥部。以招标方式组织省内外200余家专业队伍、近百万民工参加会战。

1986年4月15日，引黄济青工程指挥部在青岛市胶县桃源河畔举行誓师大会，卢洪副省长点响了开工第一炮，引黄济青工程正式开工。

经过10万军民3年零7个月的顽强奋战，1989年11月16日，工程实现试通水；11月23日，打鱼张闸正式开闸放水；11月25日，王耨泵站提闸开机；11月28日，黄河水正式进入棘洪滩水库。12月9日，棘洪滩水库向白沙河新水厂放水；12月10日，白沙河新水厂开一台机组向市南、市北两区试送

1986年4月，引黄济青工程正式开工

水；12月12日，白沙河新水厂开两台机组，以每天10万立方米的流量，向市内5区正式供水，引青济青工程宣告竣工。

四、向烟台、威海供水

1998—2000年，因连续干旱，烟台、威海两市供几十万人吃水困难；山东省政府向国家计委报送了《关于胶东应急调水救灾工程建设及相关问题意见的函》。此后，工程更名为胶东地区引黄调水工程，并先后获国家发改委和国务院批复。2003年正式开工。2013年主体工程全线贯通并完成综合调试及试通水，2014年开始实施应急供水。2019年11月底通过竣工验收。

胶东地区引水工程自滨州市博兴县打鱼张引黄闸引取黄河水，输水线路总长482千米，其中小清河至宋庄分水闸段利用黄济青既有输水线路，总计172千米。新辟输水线路310千米。引黄济青部分工程在此时得到了升级改造。

五、改扩建工程

进入21世纪后，因胶东地区对水资源需求加大，同时引黄济青工程经过30年运行，趋于老化。南水北调一期工程实施后，引黄济青还将承担向胶东地区

胶东调水工程干渠

输送长江水的任务，设计总输水时间由最初的70天延长至243天，工程现状无法满足要求。

为此，山东省政府于2012年批复立项引黄济青改扩建工程。主要实施内容为：输水渠改造工程80.29千米、渠首高输沙渠衬砌工程、小清河子槽截渗工程、棘洪滩水库改造工程、部分危桥改造工程、35千伏供电线路工程及泵站机电、金属结构设备采购等。

2014年起，引黄济青改扩建工程开工。为不影响胶东四市用水，工程充分利用每年3个月的停水期集中实施。其中一期项目于2012—2015年完成；二期项目于2018—2020年完成。2021年12月，引黄济青改扩建工程通过竣工验收。

【工程简介】

一、工程概况

引黄济青工程位于胶东半岛，从滨州市博兴县打鱼张引黄闸引取黄河水，途经滨州、东营、潍坊、青岛4市、10个县（市区），至青岛白沙水厂，输水线路全长290千米（其中渠首输水渠和沉沙池长约12千米，渠道全长252.543千米，棘洪滩水库到市区水厂24千米）。穿越大小河流36条，各类建筑物450余座，设6级提水泵站（打鱼张、宋庄、王耨、亭口、棘洪滩5个泵站和1级临时提水泵站，2021年增建小清河王道泵站）、1座大型调蓄水库（棘洪滩水库）和1座沉沙池。

以棘洪滩水库为界，引黄济青工程分为上游的水源工程和下游的供水工程两部分。

（一）上游水源工程

1. 引黄渠首

胶东调水工程渠首，由渠首进水闸、高低输水渠、沉沙条渠、输水河道、小清河分洪道子槽构成，是集引水、输沙、沉沙、输水功能为一体的综合性工程。

胶东调水渠首位于滨州市博兴县境内。自打鱼张引黄闸调引黄河水，至渠首进水闸。进水闸总净宽18米，3孔，渠水过闸后，通过自流与扬水相结合的方式，经过 6.04 千米高低输沙渠，进入沉沙条渠。

沉沙条渠原规划 9 条，规划沉沙区面积 360 平方千米。每条长度在 4.92~5.51 千米，计划每 4~5 年更换一次，规划可用 40 年。但经过技术人员的有效处理，30 余年仅使用一条渠道。河水经沉沙池沉淀后，由出口闸进入长 18.52 千米输水河和长 12.763 千米小清河分洪道子槽。工程至此长 43.97 千米，永久占地 1.1 万亩。

2. 输水干渠

黄河水过沉沙池后，由新挖输水河进入小清河分洪道子槽。然后沿地势比较平坦的平原东行。沉沙池输水干渠总长约 253 千米。从迎宾闸起，渠道以每 14 千米下降 1 米的坡度，到宋庄时下降 7 米，接泵站。

3. 泵站工程

引黄济青一期工程共设 4 座泵站，分别为：①位于寿光的宋庄泵站，提水流量为 34.53 立方米每秒；②位于昌邑的王耨泵站，提水流量为 29.5 立方米每秒；③位于平度的亭口泵站，提水流量为 26 立方米秒；④位于胶州市、即墨区和城阳区的棘洪滩泵站，提水流量为 23 立方米每秒。4 座泵站总装机容量 19160 千瓦，共使水流的高度提高了近 50 米。

王耨泵站 　　　　　　　　　　棘洪滩泵站

2018 年扩建后，在渠首输水渠上新增一座永久泵站——打鱼张泵站；在广饶兴建一座永久泵站——王道泵站。至此，引黄济青工程共有 6 座泵站。

4. 棘洪滩工程

棘洪滩水库位于青岛市城阳区、即墨市、胶州市 3 市（区）交界处，水库上接泵站来水，下向青岛市区供水，是引黄济青工程中唯一的调蓄水库。围坝总长 14.227 千米，坝顶宽 8 米，坝顶高程 17.24 米。库区面积 14.42 平方千米，最高库水位 14.20 米，总库容 1.582 亿立方米，其中调蓄库容 1.1 亿立方米。

5. 附属建筑物

除以上主体工程外，引黄济青还建设各种倒虹吸、涵闸、渡槽、桥梁等建筑物近 500 座。工程设计向青岛日供水 30 万立方米，年供水 1.095 亿立方米，在优先满足青岛用水的前提下，可向沿线供水 6400 万立方米。

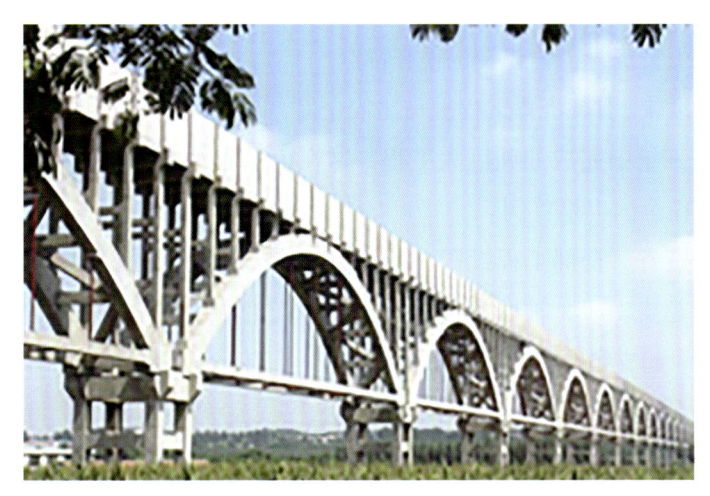

界河渡槽

（二）市区供水工程

包括出库管理站 1 座、暗渠 21.50 千米。其中，工程沿线主要设施有隧道 1.89 千米、倒虹吸 2 座 410 米、穿越大沽河输水暗渠顶管 2 处 50 米、钢筋混凝土方涵 19.15 千米。与大沽河暗渠联通备用管道 1.96 千米，洪江河倒虹吸入口与原大沽河暗渠换水渠、闸 1 处，穿输水暗渠倒虹吸工程 6 处，净水厂 1 座，净水能力 36 万立方米每日。

二、工程特色

与其他引水工程比较，引黄济青具有两大特点。一是黄河水的含沙量高，要引水就必须处理泥沙，而且引水能力往往取决于处理泥沙的能力。二是引黄取水口地处黄河下游，来水量受上中游用水量的影响较大，通常是灌溉季节来水量明显减少，非灌溉季节水量较多。

针对上述特点，工程规划考虑了三条主要原则。第一，必须处理好泥沙。这主要包括三方面的要求：一是不能淤积输水系统，二是不能造成沉沙池周围土地沙化，三是不能影响黄河本身的冲淤规律。第二，采用短时间、大流量送水方式，避开农业灌溉用水的高峰季节，用70天时间把水库充满，然后全年均匀向市区供水。这样可以避免沿途可能发生的农业争水，提高向青岛送水的可靠性，而且冬、春季河水含沙量少，在引水量相同的情况下，可以少引泥沙。第三，为尽量减少水质污染，输水河与天然河道全部立交，这在我国当时是不多见的。

此外，引黄济青工程建设也很有特点。

一是进度快。引黄济青工程上马比较仓促，前期准备不足，是边勘测，边设计，边施工。在三年中完成如此巨大工程，这在山东省水利和市政建设史上还是前所未有的，在全国也是首例。

二是投资省。全部工程投资9.32亿元，在全国物价增长较快的情况下，仅比概算投资超支16%，被国家计委副主任陈光健称为"全国大型基本建设项目中投资最省、超支最少的工程"。

三是质量好。经过多次质量检验，工程优良率均达96%，混凝土合格率100%。特别是工程建设在国内大胆引用"等容量控制"先进技术，确保了质量。250千米输水河采用8种形式进行全衬砌，也属国内首例。对30多条河道采用主体交叉全封闭倒虹吸，防止水污染等，更是中国水利建设史上的大胆尝试。

三、工程效益

引黄济青工程，为沿线改善农业生产条件，解决缺水地区的人畜用水，提供了重要水源保证，具备显著的供水经济效益、社会效益与生态效益。

（一）供水效益

引黄济青工程实行长江水、黄河水和当地水多水源联合调度，为青岛乃至胶东地区重要的水资源保障和配置工程。

33年来，胶东调水工程累计引水118.47亿立方米，其中调引黄河水72.69亿立方米、长江水(含东平湖)32.91亿立方米、当地水12.87亿立方米。累计向胶东四市配水81.6亿立方米，其中配水青岛市58.12亿立方米、烟台市7.27亿立方米、潍坊市11.62亿立方米、威海市3.95亿立方米、东营市0.64亿立方米，有力地保障了胶东地区用水安全。在保障青岛等城市供水的同时，还解决了历史上广北、寿北、潍北等高氟区75万人饮水困难，并承担了为工程沿线输送农业灌溉用水任务。据统计，累计为博兴县和工程沿线提供农业用水11.67亿立方米，扩大改善灌溉面积333.3万亩，增产粮食8亿多千克。工程调度运行中自然水量的渗透，一方面回补地下，抬高地下水位，增加地下水补给量超10亿立方米；另一方面，渗水压制了咸水的入侵，维护了地下水生态，改良了渠道两侧的土地，改善了工程沿线的生态环境，形成了横贯齐鲁的"黄金之渠"。

（二）生态补水效益

引黄济青工程还为工程沿线提供部分水源，使当地地下水得到补充，对防止超量引用地下水引起的地质灾害，阻止海水入侵也起到一定效果。工程还通过自然水量的渗透和生态供水，改良了渠道两侧的土地，保护了生态环境，让弥河、白浪河这些多年鱼虾绝迹的河流重现鱼跃虾蹦，大量的天鹅在渠首沉沙池驻足，成群的海鸥在棘洪滩水库上空翱翔。昌邑、寒亭、寿光等北部沿海咸水地区受益明显。其中，寿光市改善粮食种植面积40万亩。

"引黄济青"工程注重边建边管，对河、渠、路、林进行了统一规划，不仅改善了输水沿线的交通条件，而且美化了环境，为沿线增添了景观。

棘洪滩泵站

（三）经济效益

引黄济青工程改变了青岛严重缺水的面貌，为全市工农业发展和居民生活提供了可靠的保障，为沿线农田提供了足够的灌溉用水，增加了粮食产量。根据青岛市估算，工程已为青岛增加经济效益300多亿元。

（四）社会效益

引黄济青工程解决了长期缺水对青岛市经济社会发展造成的困扰。使居民连夜排除打水和工厂因缺水停产、限产成为历史，大大地改善了外商投资环境，使青岛市焕发出新的生机和活力。

工程还使渠道沿线农田得到有效灌溉，农业生产条件和人畜吃水条件得到改善，饮水安全与粮食安全同步得到解决。

广北、寿北、潍北和高密等地的群众，从此结束了祖祖辈辈喝咸水、高氟水的历史。

实践证明，党中央、国务院以及省委、省政府关于兴建"引黄济青"工程决策的正确性，无愧于"造福于人民的工程"这个光荣称号。是山东，尤其是山东东部地区经济发展的一条"黄金之渠"。

四、工程荣誉

国际排灌委员会施工委员会主席、美国人何金斯先生在美国权威的行业杂志上评价说：引黄济青——世界一流的施工水平。时任国务院总理李鹏亲笔题词："造福于人民的工程"。

1997年，引黄济青工程被评为水利部优质工程，2009年，被评为"新中国成立60周年60项山东省精品建设工程"。

胶东调水工程青岛、东营、潍坊、滨州段输水干线成功进入省级美丽幸福示范河湖行列；寿光输水渠段和棘洪滩水库列入全省水系绿化美化样板。5类23项单项工程顺利通过省级标准化管理工程终验，并被水利部认定为全国首批三家调水工程标准化管理试点单位之一。被列入水利部数字孪生先行先试56家试点单位。全系统6个分中心、13个管理站通过分级管控体系达标验收，5个分中心通过水利部安全生产标准化一级达标评价，"工控网络安全防护技术研究及示范"入选工信部2022年网络安全技术应用试点示范项目。3项成果获水利部大禹水利科学技术奖，41项成果获齐鲁水利科技成果奖，5项省级地方标准颁布实施。

【文化解读】

引黄济青工程在时间上与引碧入连工程大致接近,内容及后期发展也相差不多,因此在工程文化上颇多相似之地,这里不再赘述,仅谈谈其较突出的几点。

一、永志难忘的引黄精神

水是生命之源、生产之要、生态之基。水利不仅是农业的命脉,更是关系国计民生的重大基础性产业。引黄济青工程在其30多年的建设管理过程中,孕育了自己伟大的精神。具体而言,就是"爱岗敬业、团结务实、艰苦创业、开拓争先、无私兴业、造福人民"。它充分彰显了调水人的奉献精神、科学精神、担当精神、创新精神、工匠精神和协作精神。

在引黄济青工程建设管理初期,工地处在荒郊野外,工作环境和生活条件比较恶劣。多少调水人放弃与家人团聚的机会,常年吃住在工地临时搭建的小窝棚,在机器的轰鸣声中,日复一日做着同样的工作。冬天寒气逼人,夏天闷热潮湿,但这些困难都没有使他们退却、动摇,他们心甘情愿地把汗水洒在建设工地,用忠诚坚守在无声的岗位上。

艰苦创业

在小窝棚里,调水人度过了多少个不眠之夜,他们奋斗在建设一线,击霜斗雪,顶风冒雨,用身躯筑起了最坚固的黄金之渠。小窝棚体现了调水人的责任担当,历练了调水人的意志品质,诠释了调水人的家国情怀。这笔宝贵的精神财富三十年来培养造就了一批又一批艰苦奋斗、勇于奉献、特别能吃苦、特别能战斗的调水人,涌现出一群又一群先进人物,创造了一个又一个调水奇迹。

二、建管并重的生动实践

中国在很长的一段时间内,是水利建设大国,但长期重建轻管,导致诸多水利工程效益降低、受损严重。

引黄济青,是我国改革开放初期少数提出"一流的工程,一流的管理"的水利工程。在山东省委、省政府的高度关注下,工程管理局也始终勇于开拓,大胆实践,不断探索,使工程始终保持了高效率运行,成为全省乃至全国水管单位的一面旗帜。他们在工程管理方面创造了丰富的经验,对全国工程管理具有普遍的推广价值,其中有些已得到推广应用。归结起来,主要有以下特点。

一是建管并举,奠定管理基础。引黄济青工程从建设开始就考虑工程管理,建设时期的施工组织机构在工程建成后转为管理机构,组成人员保持相对稳定。从而使他们能够在工程建设中,统筹安排各种管理设施,为充分发挥工程效益提供了根本保证。

二是依法管水,确保管理秩序。山东省政府在工程通水前专门发布工程管理的布告和管理试行办法,为工程管理提供了法律依据。试通水期间,对个别市的强行引水事件,依法进行严肃处理,保障了整个工程完好无损和全线的顺利通水。

三是科学调度,保质保量送水。在工程长期运行中,解决了冬季引水防止冰块阻水溃堤,防止水库富营养化造成的水质恶化,利用黄河断流的间隙巧引黄河水,建立远距离多泵站联合优化调度方案,实施以等容量控制理论为基础的调度运行自动化建设等技术难题,探索出了一套适合引黄济青工程特点的科学的调度运行方案。

四是供水为主,发展多种经营。他们按照"签订合同,计划供水"的原则,每年与青岛自来水公司签订供用水合同,沿途则坚持凭票供水,严格执行《水利行业水费核定计收和管理办法》，积极进行内部挖潜，降低供水成本。同时，把水土资源的开发与利用作为新的经济增长点，逐渐使引黄济青工程步入良性循环的发展轨道。

五是建章立制，实行目标管理。工程建成通水后，管理单位提出利用第一个五年计划，实现"一流工程，一流管理"的目标。此后，又自我加压，提出争创全国同行业工程管理领先水平的奋斗目标。多年来，他们积极探索适应市场经济规律的管理方法，坚持以人为本，依靠制度建设强化管理，将目标层层分解，严格奖惩，培养和造就出了一支思想好、素质高、业务精、敢打硬仗的管理队伍。

引黄济青工程的管理经验，在全国各地得到广泛认可。北疆引水一期工程建成后，曾在2000—2003年邀请引黄济青管理局对其进行了为期三年的整体培训，成为我国水利系统第一个整装引进渠道管理先进经验的案例，为新疆水利事业的发展做出了贡献。

东宋泵站

近年来，伴随着我国水利的大发展大繁荣，山东引黄济青工程针对引黄济青工程输水线路长、跨越区域广、工程类别多、管理难度大的特点，创造性地提出了"全天候、全方位"管理模式，实现了先后制定完善《引黄济青职工管理若干规定》《调水运行管理办法》《泵站管理办法》《经费管理办法》《车辆管理办法》《财务管理办法》《工程大修项目管理办法》《工程调水突发事件应急预案》《水质检测管理办法》《工程供水管理办法》等 50 余项制度办法，形成了覆盖广泛、较为严密的制度管理体系和"千斤重担大家挑，人人肩上有指标"的管理理念。这些都走在了全国的前列。

三、绿色生态的发展理念

引黄济青工程还是全国最先将生态、绿化放在重要位置的大型水利工程。这在片面追求经济效益、生态环境快速恶化的 20 世纪 80 年代中期显得尤其可贵。

引黄济青工程的生态理念，也经历了一个发展过程。

（一）单纯绿化时期

引黄济青工程通水后，管理局就从保护工程和水质出发，对工程沿线进行绿化。如在输水河大坝内外侧栽植草皮、乔灌木，不仅可防风固沙，还有效避免外物落入输水河内，对水体造成污染。

自 1994 年开始，管理局利用 3 年时间实施了工程绿化三大会战，共种植乔木 82 万余株，灌木 300 多万株，美化树 10 万株、花椒（刺槐墙）258.9 千米，草皮 250 万平方米，基本实现工程的绿化目标。

（二）绿化经济时期

管理局在组织有关人员到南京、安徽、河南的相关专业苗圃参观学习的基础上，确定了发展绿化经济的发展思路。为此，各管理处用经济型苗木更新替代已有绿化苗木，寿光管理处还利用空闲土地及租地建设苗圃 113.33 余公顷，成为全国知名苗木基地和全国最大的苗木基地之一。工程绿化实现了从美化型向经济型的转变。管理局将绿化经营收入资金投入生态建设，实现了自我生态建设发展的良性循环。工程先后获得"山东省绿化造林先进单位""全国部门造林绿化 400 佳单位""全国绿色通道"等称号。

（三）湿地景观与生态建设示范工程

党的十八大以来，引黄济青工程继续积极践行"绿水青山就是金山银山"的发展理念，形成了"三季有花，四季常青"的亮丽风景，沿线的林带已成为山东东部防风固沙的绿色长廊。沿线所站建设一所一景，一站一景，绿化布局因地制宜，各具特色，亮点纷呈，景色迷人，成为沿线群众休闲游玩的首选之地。

600余千米的宏伟工程与绿色长廊交相辉映，形成了水利工程、站所风光、景观林带和山水风光相互交融的美景，被全国绿化委员会授予"国家绿色长廊"称号。

如今，工程沉沙池、小清河子槽、输水河2/3的河段等宜有水面的地方都保持常年有水，棘洪滩水库水面宽阔、水质达到饮用水标准；渠首管理处利用周边有高地，有水面，池内有小桥相连的小岛，以及高大的杨树、柳树和低矮灌木、草皮的特点，将沉沙池打造成了与打鱼张灌区风景区、渠首森林公园相适应的湿地公园。过去晴天尘土飞扬、雨后遍地泥泞的场面一去不返，棘洪滩水库和沉沙池每年都引来成群天鹅、野鸭在此栖息。沿线输水河两岸鱼蟹繁衍，蒲苇茂盛，荷藕满池，绿树成荫，成了风景宜人的旅游胜地。

山东省调水工程路线图

四、依法管水的创新思路

近年来，随着胶东引水工程的实施，山东省组建调水中心，对包括引黄济青工程在内的诸多调水工程进行集中管理。省调水中心以争创省部级水管单位为目标，全面推进工程管理信息化、安全化、标准化。通过省人大立法出台《山东省胶东调水工程条例》，将胶东调水工程纳入"河长制"管理范畴，实现了依法管水、依法治水、依法调水、依法配水的目标。通过制定完善50多项规章制度，实现了调水管理的规范化、制度化。通过科学调配长江水、黄河水和当地水，实行"保减挂钩、流量水量双控"制度、强化调度值班、落实物防人防机防措施、建立调水工程水污染防治联动工作机制、配套水质在线监测系统等措施，保障了胶东地区用水安全。通过实施引黄济青改扩建工程建设、启动自动化调度系统建设、试点"标准化"体系建设、推行"管养分离"体制改革，实施调水工程沿线堤顶道路硬化、美化、亮化工程改造，实现了调水工程管理的提档升级。全力打造了"功能完备、管理科学、运行高效、环境美丽"的现代化水利示范工程。

省调水中心还全面贯彻落实习近平总书记提出的水资源水生态水环境统筹治理的新思路，科学处理好水与经济发展的关系，突出聚焦新旧动能转换、乡村振兴、区域协调发展等八大战略实施，坚持以"管好工程、送好水"为己任，秉持"科学发展，调水为民"的理念，整合引黄济青工程、胶东调水工程、引黄济青改扩建工程等多项省内重点调水工程建设管理任务的丰富经验和技术力量，围绕着创建水利现代化示范工程的目标要求，制定了"安全化、标准化、信息化"总目标，推进泵站"标准化"体系建设、"管养分离"体制改革，打造一流的统筹规划山东省跨区域、跨流域调水工程的建设、运行、维护的管理平台，服务于全省经济社会发展。

【水文化建设】

一、硬件建设

山东省调水运行维护中心高度重视水文化，在推动调水特色文化硬件建设方面取得一定成效。

（一）打鱼张水闸博物馆

打鱼张引黄闸位于黄河右岸博兴县王旺庄险工，是引黄济青工程取水口。打鱼张引黄闸先后经历打鱼张灌区、引黄济青和胶东调水三个阶段，工程规模不断扩大。工程建设没有拆旧建新，而是对原有老闸进行有效保护，因而1956年、1981年和2017年建成了"老中青"三代引黄闸。出引黄闸后，又有胶东供水和博兴县的五个水闸,从左到右依次为稻改干闸(主要为博兴县乔庄镇东部供水)、十三条渠闸(主要为博兴县乔庄、纯化、陈户、吕艺、店子镇供水)、三合干闸(主要为博兴县乔庄、陈户镇供水)、引黄济青闸(主要为胶东供水和博兴县庞家、锦秋等镇供水)、一干闸(主要为蔡寨、湖滨、寨郝等镇供水)。这八座水闸,有机组成了打鱼张水闸博物馆,为包括引黄济青工程在内的胶东引水工程,做了生动的表述。

2014年,打鱼张引黄闸入选"滨州新八景",荣膺"双闸飞潮"称号。2018年新闸建成后,三闸矗立,从"双闸飞潮"变成了"三闸飞潮",成为中国实体水工建筑中水闸发展历史最直观的"闸群博物馆"。

引黄济青工程渠首

(二)沉沙池水系生态项目

引黄济青建设共设9条沉沙池,占地面积约3.6平方千米。原计划4~5年更换一次,但经过技术人员的有效处理后,2号沉沙条渠从1989年通水启用至今仍运营正常,不仅有效减少了土地占用和工程投资,还为工程的生态、文化建设提供了条件。

近年来,山东省调水维护中心充分考虑沉沙池的地形地貌,实施水系生态工程,将其划分成不同的生态区,使之形成有高地,有水面,有乔木、灌木和草皮,也有小桥流水的生态湿地公园。

（三）棘洪滩水库建设

棘洪滩水库是引黄济青工程的唯一调蓄水库，也是亚洲最大的人工平原水库之一。库区面积达14.422平方千米，围坝长14.277千米，设计水位14.2米，总库容1.46亿立方米，不仅为青岛人民饮水安全提供保障，也因其广阔的水面和良好的生态环境，每年吸引众多天鹅栖息、野鸭等候鸟到此越冬。

此外，各管理所加大水文化建设力度。

龙口管理站紧扣"治水文化"主题，建设"治水主题"广场，突出龙口地域文化特色，展现调水行业文化内涵。

高密管理所在对基础设施进行改造的同时，通过打造调水文化微档案馆、保护实物档案资源的方式，讲好调水故事，强化调水文化建设。

亭口泵站将党建与调水文化相结合，在办公区域精心打造以"不忘初心，牢记使命，永远跟党走"为主题的党建文化墙，将大厅、楼道、走廊等打造成党建文化宣传阵地。

二、软件建设

（一）建设精品示范工程

作为山东省经济最活跃、开放程度最高的滨海名城，青岛又是一个严重缺水的城市。青岛人均水资源占有量仅247立方米，为全国人均占有量的11%，水资源总量和承载能力严重不足，成为制约青岛市经济社会发展的一大瓶颈。

引黄济青工程在建设过程中破解了跨越多个地质单元且冬季输水的技术难题，取得了开创性调水技术成果，为国内其他调水工程特别是南水北调工程，积累了丰富的经验。在运行管理过程，他们又敢为人先，依法管水、科学调度，牵头编制了我国第一部远距离调水工程管理制度规范。将引黄济青打造成质量优良、让人民放心的精品示范工程。

（二）锤炼"引黄济青精神"

在引黄济青工程30多年的建设管理过程中，山东调水人以自己的实际行动，凝练成"爱岗敬业、团结务实；艰苦创业、开拓争先；无私兴业，造福人民"的"引黄济青精神"，彰显了调水人为党和人民担当作为的伟大建党精神。这笔宝贵的精神财富培养造就了一批又一批艰苦奋斗、勇于奉献、特别能吃苦、特别能战斗的调水人，涌现出一群又一群先进人物，创造了一个又一个调水奇迹。

2019年，为全力做好引黄济青工程建成通水30周年庆祝活动，山东省调水运行维护中心高质量完成"五个一"工程，即山东省政府召开引黄济青工程建成通水30周年新闻发布会，山东省水利厅召开引黄济青工程建成通水30周年座谈会，组织拍摄了"上善之心济苍生"行业宣传片，印制了"一渠清水润胶东"纪念画册，邀请新闻媒体深入工程沿线进行采访报道。这一系列庆祝活动引起社会强烈反响，也将"引黄济青精神"进一步总结传承。

作为工程管理单位，山东省调水运行维护中心积极践行"绿水青山就是金山银山"的发展理念。引黄济青工程经过30多年扎实有效的绿化美化，形成了"三季有花，四季常青"的亮丽风景，沿线的林带已成为山东东部防风固沙的绿色长廊。600余千米的宏伟工程与绿色长廊交相辉映，形成了水利工程、站所风光、景观林带和山水风光相互交融的美景，被全国绿化委员会授予"国家绿色长廊"称号。人水和谐、壮丽秀美的引黄济青工程呈现在世人面前，彰显山东调水文化。

（三）打造山东调水文化品牌

2021年3月16日，山东省调水运行维护中心在济南正式公布"山东调水"公共品牌标识，其以蓝色为主基调，同时融入山东省调水中心两大基础元素——水和泵站。三条渐变的蓝色线条，代表着"黄河水、长江水与当地水"多水源联合调度体系；中间加入水泵缩影，突出体现调水水源通过多级提水泵站输送到受水地区；两端拥抱弧形，寓意爱水护水理念。同时，标识融合"山东"的"山"字缩影，体现齐鲁地域属性。标识从倡导"调水、节水、爱水、护水"公益性角度出发，紧紧围绕"调水为民 服务发展"理念，向社会各界及广大人民群众宣传普及推广山东省调水运行维护中心立足"管好工程送好水"职能、着眼调水事业长远发展、服务经济文化强省建设的责任担当。

"十四五"期间，山东省调水运行维护中心将着力打造独具特色的调水文化体系。打造并推广"山东调水"品牌，在标识、标志、标准方面树立形象、扩大影响。有序推进文化基地建设，利用3~5年的时间，建设一批主题展馆、文化长廊、水情教育基地，展示调水事业改革发展历程，诠释水文化深刻内涵，全面展示调水起源、设计理念、发明创造、精神内涵、先模事迹、人水关系、治水理政等方面的成果，增强全系统乃至全社会对调水工作的历史自豪感、认知感和崇尚感，发挥水文化基地应有的社会传播功能。

【延伸阅读】

● **打鱼张引水闸**

打鱼张是黄河岸边的一个村庄，自明朝起，这里的居民世代以打鱼为生，故而得名。1951年，国家决定在此兴建大型引黄灌溉工程，但苏联专家考察后，建议将渠首上移17千米至王旺庄险工。但因工程方案早已在国务院备案，不便更改，因此渠首仍保留打鱼张引黄闸的名字。

打鱼张引黄灌溉工程是山东省开发最早、规模最大的引黄灌溉工程。灌溉面积66.46万亩。工程于1956年4月开工，来自惠民、胶州、昌潍、泰安4个专区20余县和10万名干部、民工参与，同年11月建成渠首，1958年整个灌区完工。灌区的建成使当地粮食亩产由57千克上升到80千克，同时也让灌区人民结束了饮用咸水的历史。

打鱼张引黄闸

1981年，因灌区扩大，人们在老闸南侧修建了新闸，老闸仍保留下来，承担防沙和防渗职能。从1985年开始，引黄济青开工后，打鱼张灌区引黄闸又承担起向青岛引黄供水的任务。

2017年建成引黄济青扩建后，兴建了更新的打鱼张引黄渠；原有的两座依然保留，因此形成了"老中青"三代引黄闸并立的局面。

2010年，"打鱼张灌区引黄闸"被列为博兴县重点文物保护单位，2018年升格为滨州市文物保护单位。

● **胶东调水工程**

胶东地区引黄调水工程是党中央、国务院和省委、省政府为缓解胶东地区水资源短缺矛盾、改善水生态环境、构建山东大水网体系、实现全省水资源优化配置而实施的远距离、跨流域、跨区域重大战略性民生工程。工程自滨州市博兴县打鱼张引黄闸引取黄河水，自滨州市博兴县小清河子槽上节制闸引取长江水，途径滨州、东营、潍坊、青岛、烟台、威海6市16个县（市、区），输水线路总长482千米（其中利用引黄济青既有输水线路172千米，新辟输水线路310千米）。工程新建160千米明渠、150千米管道(暗渠)，设7级提水泵站、5座大型隧洞、6座大型渡槽以及水闸、倒虹吸、桥梁、阀井等各类建筑物700余座。2013年，胶东地区引黄调水工程实现主体工程全线贯通，并完成综合调试及试通水。2015年起，胶东地区引黄调水工程承担起应急抗旱调水任务。2019年，胶东地区引黄调水工程通过竣工验收，累计完成投资50.69亿元。

● **长江向青岛及胶东供水**

2015年南水北调东线全线运行后，引黄济青干渠沿线8个地级市用上了长江水。据了解，长江水进入青岛有两个途径：一个是原有引黄济青的棘洪滩水库，通过棘洪滩水库，和岛城目前用的黄河水等水源交汇在一起，经过处理后流入城市供水管网，青岛市区、青西新区等地的居民可以喝到长江水；另一个是在平度建造一个新河水库，直接向平度供水，目前已开工建设。

在中华世纪坛262米的甬道上，记录着中华民族五千年大事记。1989年只记载了两件，其中之一就是"山东省引黄济青工程竣工通水"。20多年风雨沧桑，600多位调水人的日夜奔忙，见证了水源保障下青岛这颗半岛明珠的辉煌，也目睹了引黄济青工程的老化迷茫。作为南水北调东线胶东输水干线工程的重要组成部分，引黄济青工程将同时承担起输送黄河水和长江水的双重功能和重任。

（本文照片均由山东省调水运行维护中心提供）

皂河抽水站

6 高低错落皂河站

【概述】

　　皂河水利枢纽位于江苏省宿迁市皂河镇，是我国南水北调东线及江苏省江水北调工程的重要组成部分，也是骆马湖综合治理的重要梯级。皂河一站配置的直径5.7米混流泵号称"亚洲第一泵"。近年来，皂河水利枢纽围绕"以我为主、他为我用、围绕主题、技术为核、科普展示、塑造泵魂"的创建思路，依托雄伟工程与运河美景，实现了水工程与水文化、水情教育与水利风景区的有机融合。

【兴修背景】

皂河地处废黄河、中运河、骆马湖、黄墩湖交汇之地，自古就是"南船北马"的交通枢纽，也是"南秀北雄"的文化过渡带。既是鱼米之乡，也是洪水走廊。皂河水利枢纽的兴建，与这里复杂的水问题，尤其是骆马湖与黄墩湖之间的排水矛盾密切相关。

一、沂沭泗的演变与骆马湖的诞生

在历史上，淮河曾是一条河宽水阔、出海顺畅的河流；泗河是淮河的一级支流，在今天的淮安附近汇入淮河；沂河是淮河的二级支流，在宿迁地区汇入泗河。今天的骆马湖曾是沂河汇入泗河口门附近潴水形成的几个互不相连的小湖。

元朝建立后，郭守敬对原先以洛阳为中心的隋唐大运河裁弯取直，使泗河成为运河主航道。明代黄河通过泗河夺淮入海后，迅速阻塞沂河入泗通道，使汇口附近4个小湖连成一片，成为骆马湖。清康熙二十五年（1686年），总河（即后来的河道总督）靳辅为确保航运，在骆马湖西侧修建中运河，迫使沂河脱离淮河干流，另寻出路。骆马湖也在此时迅速扩大，成为南北长35千米、东西宽15~20千米的大湖。而其西侧被中运河隔开的部分，则成了今天的黄墩湖。

1855年，黄河在铜瓦厢决口改道；20世纪初，大运河漕运停止，这些都为沂沭泗的综合治理创造了条件。但民国政府出于财政与战争考虑，未有较大动作。1938年花园口决口后，整个苏北沦为黄河肆虐的黄泛区，直到1946年花园口堵口成功。

二、黄墩湖与邳洪河的排水矛盾

新中国成立后，毛主席发出了"一定要把淮河修好"的号召。1952年，江苏省在皂河镇北建中运河控制闸，将骆马湖改造成汛期盛水、汛后种麦的临时水库。1959年嶂山节制闸建成后，骆马湖成为常年水库，而黄墩湖则成为滞洪区，饱受洪水灾害的骆马湖地区终于有了较为完备的防洪体系。但1958年邳洪河的兴建，却使它与黄墩湖之间的排水矛盾日益突出。

邳洪河系徐州地区为疏解邳县（今邳州市）排水问题而兴建的新河，原计划由邳州修到洪泽湖，后因故缩短，在皂河镇汇入中运河。与黄墩湖相比，它排涝面积大、地面高、自排能力强，从而导致洪水时节黄墩湖本地滞水无法自排而外来客水却能自排的现象，引起各方矛盾。

缓解皂河地区的排水矛盾，关键在于高水高排、低水低排。在无法兼顾两区排水的情况下，先在黄墩湖兴建排水泵站，保证本地滞水排泄；待时机成熟后，再在邳洪河边兴建另一座泵站，彻底打通两区的排涝出路。

同时，为解决本地春季农田灌溉难题，也需要在此兴建抽水泵站。

【建设历程】

新中国成立后，江苏省决定实施江水北调，解决全省农田灌溉问题。1960年，江都抽水站建成，不久淮安抽水站建成。为加快解决苏北地区春季农田灌溉用水和中运河航运水源，并为沿河各县提供生产和生活用水，江苏省政府决定兴建皂河抽水站，兼顾区域排水与供水，实现区域水资源的综合利用。

皂河一站

一、皂河一站建设

1978年4月，皂河抽水站（一站）工程正式开工。

1980年底，泵站厂房土建主体工程基本完成。

1981年因故停工缓建，1983年2月恢复施工。

1985年7月，泵站设备安装全部到位，实施第一次试抽水。1986年4月实施第二次试抽水，均获成功。

1987年4月，皂河一站通过竣工验收，正式交付使用。

二、一站更新改造与二站兴建

进入21世纪后，随着南水北调中线工程的建设，皂河水利枢纽需要扩大规模。同时，皂河一站经过30多年运行，机组性能下降。为此，江苏省决定兴建皂河二站，同时对已建成的皂河一站实行更新改造。

2010年1月，两项工程（皂河二站建设与皂河一站更新改造工程）同时开工建设。2012年5月，同期完成，并通过泵站机组试运行验收。2012年12月，同时通过设计单元工程通水验收；2015年12月，同时通过设计单元工程完工验收，并移交管理单位。

【工程简介】

一、工程概况

江苏皂河水利枢纽位于宿迁市皂河镇北5千米的中运河与邳洪河夹滩上，东临大运河（二级航道）、骆马湖，西接邳洪河，南部紧邻皂河一、二线船闸。枢纽工程由皂河一站、皂河二站、皂河泵站变电所、邳洪河地涵、皂河节制闸、邳洪河北闸和邳洪河新闸等组成。为南水北调第六梯级泵站。

（一）皂河一站

1978—1985年修建，2010—2012年更新改造。站身总长40.4米，总宽23.4米。泵房采用半堤身式块基结构，钟形进水流道，双螺旋蜗壳式出水室，平直管出水流道，采用快速闸门断流。

泵站安装2台混流泵，水泵叶轮直径5.7米，单机流量100立方米每秒，额定电压10千伏，额定容量7000千瓦。总设计流量200立方米每秒，总装机容量1.4万千瓦。

（二）皂河二站

2010—2012年建成。位于皂河一站北侧330米处，与一站在同一条直线上。站身总长71.52米，总宽18米。

泵房采用堤身式块基型结构，两侧设置检修间和中控室，泵站采用肘形进水流道、低驼峰虹吸式出水流道，真空破坏阀断流。安装3台（套）直径2.70米的立式轴流泵机组。单机流量25立方米每秒，总设计流量75立方米每秒。配套电机功率2000千瓦，总装机容量6000千瓦，设计扬程4.7米。

皂河二站

（三）皂河泵站变电所

皂河抽水站设110千伏室内变电所，配、变电设备包括110千伏GIS组合开关，SSZ11—31500、S11—31500型主变各1台，10千伏和35千伏高压开关柜，二次供电及照明的变电器，以及低压配电设施等。

皂河泵站变电所

（四）邳洪河地涵

位于邳洪河与一站之间，地涵下游设置进水闸，设计流量100立方米每秒，可将黄墩河涝水引至一站进水池进行处理。

（五）皂河节制闸

位于皂河镇北约2千米处，1952年6月建成，为骆马湖南堤的主要控制工程，也是枢纽中建设最早的水工建筑物。共7孔，每孔净宽9.2米。桁架式弧形钢闸门，设计过闸流量500立方米每秒，校核最大流量1000立方米每秒。可拦蓄骆马湖灌溉用水、控制骆马湖洪水，并排泄骆马湖汛后余水及桃汛来水。

（六）邳洪河北闸

位于二站北侧的邳洪河上。共6孔，单孔净宽10米，总宽度68米，闸室

皂河节制闸

顺水流向长22米。闸室底板面高程与老闸相同，为15.85米，底板厚1.5米。闸墩顶高程27.5米，工作桥面高程34.9米。闸室下游侧设钢筋混凝土胸墙挡水，上游侧设检修门槽，闸门采用平板钢闸门，配卷扬式启闭机。闸室东侧岸边布置4孔小水电，单孔净宽3.7米，总宽20米，顺水流向宽度26米。小水电底板面高程同闸室底板，为15.85米，顶板面高程27.5米，装机容量640千瓦。

（六）邳洪河新闸

位于邳洪河与中运河之间，西半部是黄墩河闸，东半部是邳洪河闸。新闸建成于1986年，原设计最大过闸流量310立方米每秒，主要功能为防洪、排涝、灌溉引水。

新邳洪河闸分8孔，分三块底板，两侧3孔各为一联，中间2孔为一联，闸孔净宽6.6米，闸室总宽度67.7米。闸室东侧5孔与邳洪河衔接，用于邳洪河区域的排涝；西侧3孔与黄墩小湖连接，用于黄墩小湖地区的排涝；中间采用钢筋混凝土挡墙分隔。闸室采用涵洞式结构，闸室设计底板面高程14.5米，顶板底面高程21.5米，涵洞净高7.0米。闸墩上游侧布置一座交通桥，下游侧布置工作桥，交通桥设计面高程28.0米，与两侧的堤防同高，一并构成完整的防洪体系；下游侧的工作桥布置在排架柱上，设计排架柱面高程32.0米，工作桥宽度5.2米。新邳洪河闸作为黄墩湖滞洪区穿堤建筑物，加固后将使黄墩湖滞洪区更好地发挥其作用。

二、工程特色

皂河一站两台6HL-70型立式全调节混流泵，单机流量100立方米每秒，是亚洲单机流量最大的混流泵，号称"亚洲第一泵"。在目前世界各国统计的水泵统计资料中，其直径（5.7米）为最大，因此又被称为"世界第一大混流泵站"。

（一）独特的运行方式

皂河排水站的运行方式非常独特。

引水时，关闭邳洪河北闸、邳洪河地涵和黄墩河闸，江水经邳洪河闸和进水闸进入一站进水池，抽水入骆马湖北调。同时经邳洪河新闸进入二站进水池，抽水沿邳洪河北调。

排涝时，皂河一站运行方式如下：当进水池水位高于18米时，地涵门全开，由进水闸控制出流。当地涵上游水位低于 19 米时,将地涵门全关,一站只为邳洪河排涝。当地涵上游水位升高到 19.5 米时,再次控制进水闸流量,地涵门全开,为黄墩河排涝。到大涝年,黄墩河水可以抽排,而邳洪河则自排结合抽排,以确保黄墩河排涝安全。

皂河二站只为邳洪河排涝,其进水池排涝水位比一站提高 1 米,即控制在 19~19.5 米,可以减少邳洪河排涝用电费用。

可见皂河排水站的运行原则是,在低水位时,采取涵闸自排;在高水位时,采用泵站抽排为主,涵闸自排为辅。并且在抽排时优先考虑本地(黄墩湖区)积水,兼顾邳洪河积水。由于充分考虑了高水与低水、本地水与客水的排泄次序,较好地解决了各方矛盾。

(二)出色的技术指标

皂河抽水站下游引河长度较短,引水与排涝的来水方向相反,且水量较巨大,从而给泵站、地涵与进水闸的合理布置提出了挑战。尤其是在一站兴建时,国内相关技术并不成熟,国外也对相关技术进行封锁,泵站建设全凭我国工程技术人员摸索,皂河一站又被我国称为"争气泵"。

1. 泵站建设适应世界潮流,选型合理

皂河一站建设顺应当时世界各国发展大型泵站的潮流,选用了世界领先的大流量、高自动化的混流泵,尤其是将水泵直径做到 5.70 米,创造了世界纪录。为我国大型水泵建设闯出了一条新路。

2. 泵站流道线型流畅,费省效宏

皂河一站在我国大型泵站上第一次采用钟形平面蜗壳进水流道,配合以双螺旋形蜗壳压水室和平直出水管,不仅减小了厂房的土建挖深和建筑高度,还将水泵的水力损失降到最低限度。根据装置模型试验换算,其原型装置效率达 85.8%,比我国已建公认为最好的泵站高 3.3%~3.8%,可谓费省效宏。

3. 液压快速门断流装置,技术创新

在断流装置方面,皂河一站在国内首次采用液压快速门断流装置(该技术在国外的大型泵站上也未见介绍),并对其中快速门关门时间的选用和水泵停机断流时间的计算等关键问题进行深入研究,为我国水泵设计提供了有益参考。

4. 辅机设备齐全，功率较省

除水轮机主机外，皂河一站还在设有供水、供油、压缩空气、润滑油、排水、水力量测、通风、起重和捞草等诸多辅助设备，因布置合理，这些辅机总功率仅为主机功率的5%，小于一般泵站。而且除水力量测中有部分预埋管道被混凝土堵塞，未能全部实现设计要求外，其他辅助设备都实现设计要求，其综合性能居于我国乃至世界同类泵型领先地位。

皂河抽水站机组

5. 厂房结构合理，精益求精

皂河一站规模巨大，水工建筑物较多，结构复杂。因泵站位于郯庐地质大断裂带，存在一定地震风险。为此，在水利部领导下，各方对厂房的结构设计精益求精。如主厂房采用半堤后式，与大堤共用一块40.7米×34.4米的大底板，极大地提高了抗震能力。此外，针对钢筋混凝土的温度控制和干缩影响，采取合理措施。还综合考虑了遮阳、通风、噪音控制等相关因素，改善了工作人员的工作条件。

三、工程效益

皂河枢纽是集抗旱灌溉、排洪泄涝、水力发电、航运于一体的大型水利工程，主要担负向骆马湖补水和黄墩湖、邳洪湖地区排涝任务。工程建成以来，对徐、宿地区生产生活用水以及中运河的航运都发挥了巨大的作用。同时，作为南水北调东线工程第六梯级，枢纽还为南水北调东线工程做出了贡献。

（一）供水效益

皂河工程共设5台机组，总设计流量275立方米每秒，在正常情况下可以保证沿湖地区200多万亩农田灌溉用水，也可为江苏省为江苏省内的徐、宿、连地区1200万亩水稻用水提供部分水源。此外，它对徐州、宿迁地区百姓的生产生活用水也有一定作用。

（二）防洪除涝效益

皂河工程可通过自排与抽排方式，排除黄墩湖及邳洪河周边地区数百平方千米洼地的涝水。

据统计，自2012年南水北调东线工程全线通水，截至2022年底，皂河排水站共运行39879.3台时，抽水69.38亿立方米。其中一站运行29698.3台时，抽水57.74亿立方米，二站运行10181台时，抽水9.24亿立方米，充分发挥了工程排涝效益。

（三）航运效益

皂河抽水站位于我国南北水运大动脉——京杭大运河中运河段，紧邻皂河一、二线船闸。抽水站在涝期排水，枯水补水，极大地改善了中运河的航运条件，具有显著的航运效益。

（四）科研效益

皂河节制闸兴建于1952年，皂河二站建成于2012年，皂河枢纽建设历时60年，水工建筑物种类齐全，整体布局集中合理，堪称全国水利泵站专业学习、实践的活教材。尤其是号称"亚洲第一泵"的轴流泵，具有极高的科研价值与文化价值。因此，枢纽每年都能吸引国内外领导与专家学者参观考察，也成为各级学校水利科普的重要场所。2001年，时任国务院原副总理温家宝曾亲自到皂河抽水站视察。

四、工程荣誉

皂河抽水站曾获国家设计金质奖。枢纽工程已成功创建江苏省"省级水利风景区"，并获得了"江苏省最美水地标"荣誉称号。负责其运维管理工作的江苏省骆运管理处及皂河站管理所多年来秉承科学化管理理念，致力于将工程打造为集科普、教育功能于一体的生态化、多功能、现代化的新型水利枢纽工程。连续多年被评为"市级文明单位""省级文明单位",先后被江苏省总工会、江苏省水利厅工会评为"工人先锋号"。

【文化解读】

皂河水利枢纽是我国在水资源、水环境极其复杂的苏北地区兴建的大规模水利枢纽,在历时上跨越60年,在工程上包括水闸、地涵、泵站诸多类型,在功能上涵盖了引水、排水、航运,在服务范围也有从宿迁黄墩湖本地向徐州地区邳洪河,从全省江水北调向全国南水北调东线工程的扩充过程。

从大的方面说,皂河水利枢纽见证了中国共产党领导人民改天换地的惊天壮举,见证了人民治淮的旷世伟业,见证了我国改革开放的巨大成就。

从稍细节的方面说,皂河水利枢纽见证了我国水利重点从工程水利向生态水利、民生水利的历史性跨越,也见证了我国水利由世界水利追赶者向领跑者的历史性跨越。

这里仅以皂河一站为代表,从其设计与安装方面,分析其文化价值。

一、争气的设计

"堤防保命、泵站保收"。作为重要的水利基础设施,泵站虽不像堤防、水库那样直接保障百姓的生命财产安全,却能大幅度提高农田灌溉用水的保障率,从而确保用水安全与粮食安全。此外,它在城市区域排涝中也发挥着越来越突出的作用。

皂河一站的设计始于"文革"后期,此时世界大型水泵建设方兴未艾,欧美发达国家大流量水泵不断出现,日本也研制出了直径4.6米的大型水泵。而受"文革"影响,我国的泵站建设受到巨大冲击,虽然数量不少,但其中相当部分标准低、质量差,甚至出现较多半拉子工程,在国际上落下了建设"先天不足"、管理"后天失调"的名声。因此,国际上对中国泵站鲜有好评,也对大型泵站建设的核心技术高度保密。

"文革"结束后,国家做出了独立研制,把皂河水泵打造成为"争气泵"的重大决策。并以江苏省水规院为基础,集中国内顶尖专家对大型水泵进行技术攻关，通过采用"钟形平面蜗壳进水流道""双螺旋形蜗壳压水室""液压快速闸门断流装置"等技术，解决了大型水泵的技术难题，不仅填补了国内空白，还让中国的水泵建设赢得了世界尊重，成为当之无愧的"争气泵"。

二、艰苦的实战

皂河一站建设于改革开放初期，我国的现代化建设全面铺开，但经济实力较为薄弱，因此皂河一站建设从一开始就面临着巨大的资金压力，并一度因经费不足而暂停施工，建设者们在其中付出了巨大牺牲。

（一）土建工程

皂河一站由宿豫县（今宿迁市宿豫区）民工团负责土方工程。宿豫县抽调4个公社1100名民工进入工地，靠车推筐抬抢挖抽水机塘、运土。他们采取昼夜轮班作业方法，克服人数多、场地小的矛盾，提高效率。待挖到塘底时，因场地更小，坡度更陡，运程更长，又设法安装爬坡器和人工滑轮倒拉，解决了施工难度大和安全保障问题。与此同时，建站指挥部采取分两地施工，调一半民工到站北侧200米处另开挖三个机塘的方式，硬是以土法作业，如期完成了140万立方米的土方工程任务。

（二）浇筑工程

土方工程完成后，浇筑安装工程队立即上阵。省水利勘测设计院水工室十余位技术干部长驻工地，修改设计，组织施工。浇铸工程时间虽紧，但始终坚持"百年大计，质量第一"的方针，各环节一丝不苟，循序渐进，每道工序经验收合格后才能进行下一工序，从而整个浇铸安装实现了优质高效。共完成混凝土和钢筋混凝土2.3立方米，砌石块（片）3.8万立方米。

抽水站房布置采用半堤式钢筋混凝土结构，站身部分采用钟形平面涡轮进水流道、双螺旋形蜗壳压水室和平直管出水流道，在国内多属首创，导致站房设计难度较大。技术革新小组独辟蹊径，研制出液压滑模板进行浇铸的新技术，将高直的泵房墙浇铸得又快又好。为减轻机房墙高的压力，还专门组织技工到苏州学习使用加气混凝土空心砖的技术，解决了减压的问题。工程技术人员以自己的聪明才智和国家主人翁的精神，攻克了安装过程中的一道道难关，解决了一个个难题，使机泵安装实现高标准高质量。

尽管建设者们吃苦耐劳，工程建设资金一省再省，但工程开工不久，还是因资金困难，不得不在土木工程完成后，于1981年暂时停工，直到两年后才开始机组安装。

三、精细的安装

亚洲第一泵尺寸巨大，它的各个部件也是行业中的"巨无霸"。尤其是电机、叶轮头等主要部件及机壳和中心轴等，都是重达十几吨的庞然大物，如何将其安全吊装到合适位置，也是一大难题。

为此，工地成立了技术革新小组，通过献计献策，硬是以依靠自己的力量，建造了一个专用码头，铺设了一条专用铁路，制造了一台专用的红旗吊车，最终把水泵重要的元器件卸船上岸，运送到位。

皂河水利枢纽不仅极大地提高了我国大型水泵的设计能力，还极大地提高了制造与安装能力，因此泵站建成后，赢得了世界的普遍尊重。直到今天，人们在见到皂河水利枢纽工程的"亚洲第一泵"时，仍会惊叹于其巨大的身躯和强大的动力，感叹科技的力量和人类智慧的伟大。

皂河一站机组安装

【水文化建设】

多年来，皂河水利枢纽管理者——江苏省骆运管理处依托"亚洲第一泵"品牌，打造以"泵"为当代水泵技术核心品牌，皂河水利枢纽成功创建了全省首批工程类水情教育基地，并积极争创国家级水情教育基地。该基地可以向社会公众展示枢纽工程效益、水泵技术运用以及治水文化的传承，是开展水情教育工作的重要支撑，对展示水利行业形象、增进公众对基本水情的认知具有重要作用。

一、硬件建设

皂河枢纽东起京杭运河，西至邳洪河；南起皂河节制闸，北至皂河二站。面积约98.3公顷，其中水域面积约为41.4公顷。皂河人抓住发展机遇，先后打造了一批独具皂河枢纽特色的景观小品，如亚洲第一泵广场、樱花大道、最美水地标雕塑、世界第一大混流泵广场等。经过数年的建设，皂河水利枢纽内自然景观与人文景观的高度融合，形成了水利工程的独有景致。水系、林地、湿地、岸坡与花草树木、亭台小品等高低错落，组成丰富的立体空间，携运河沿线的秀美景色，共同展现一幅锦绣的风光画卷。

2017年，皂河水利枢纽被评为"水工程最美水地标"。

（一）最美水地标雕塑、亚洲第一泵中心广场

位于枢纽中心位置。雕塑主体部分采用红色、金色的不锈钢材质组合泵站轮机的造型，下方是江苏最美水地标台座，台座下图形是骆马湖的缩影，指明水利枢纽位置。雕塑外有2道圆环，从空中鸟瞰，呈同心收缩关系，从而能在更大的视野下聚焦地标，聚焦皂河水利枢纽。雕塑左侧是"亚洲第一泵"石刻，右侧为开敞的平缓空间，整个雕塑外观如展翅欲飞的蓝色"水蝴蝶"，寄托着皂河水利人对美好前景的展望。

地标广场的中间部分为宿迁特色文化——楚汉时期建筑构造元素，体现了时代特色。后部是宿迁市花——桂花造型，体现了地域特色。

（二）泵魂广场

"亚洲第一泵"中心广场还有一件利用当年大修时更换下来的叶片，按照1∶1比例雕塑而成的水泵雕塑。名为"泵魂"，包含三层含义。一是指工程在全国数以万计的水泵中技术引领、规模领先、作用突出达到"屋脊"水平；二是指主要传动装置叶轮头是水泵的灵魂；三是指皂河抽水站开工至今，筚路蓝缕、艰苦创业，连接江淮、泽润苏鲁，凝聚一代代水利人的治水智慧，展现出追求卓越的工匠精神。泵魂广场用历史的沧桑与凝重衬托着枢纽的恢宏气势，在泵

魂广场，还聚集了不同形式的水泵叶轮头，如从刘老涧抽水站拆下的2.3米灯泡贯流泵部分部件，以及从泗阳站、刘老涧站、淮阴站等处拆卸下来的叶轮头。同时计划利用刘老涧一站改造的机会，将整套直径3.1米的立式轴流泵机组实物，特别是推力瓦、镜板等核心部件在此展示。让它们众星拱月般环绕在"亚洲第一泵"四周，以衬托出皂河站的恢宏气势和历史沧桑。

亚洲第一泵雕塑

（三）世界第一大混流泵广场

枢纽在主厂房南门前新建了世界第一大混流泵广场。广场主要景观为一块厚约1米、高约3.5米、长约10米，重约50吨的巨大泰山石。不仅纹理清晰、美丽大方，是一幅天然的巨画，其底座镌刻"世界第一大混流泵"八个大字。两个洁白的陶瓷"聚宝盆"躺卧在广场的西侧，象征着皂河站的两台主机组源源不断地将长江水送往北方。地面上有六条不锈钢银色扩散状水波纹，寓意皂河站为南水北调第六级梯级站。巨石旁边青松盘踞，前面布置小型景观石、纯天然洗手池、成片的花草，寓意着皂河站将汩汩清水恩泽万物。整个广场采用

世界第一泵广场

枯山水法浓缩式园林风格，从各个角度欣赏都是一幅美丽经典的山水画。

（四）皂河泵站技术展览馆

江苏省骆运水利工程管理处还依照"以我为主，他为我用，围绕主题，技术为核，科普展示，塑造泵魂"的建设思路，全力打造了全国首家"泵元素"主题展览馆——皂河泵站技术展览馆。

展览馆内共设泽润苏鲁、泵站技术两大篇章，前者以南水北调、悠悠骆运、皂河水韵、泰山北斗4个板块构成，综合运用沙盘、影像等方式，沉浸式展示了枢纽恢宏的建造和发展历程。后者则主要包含泵站结构、运行演示、水泵等8个版块，通过归集的各类水泵实体及模型，结合实景泵站展示区的光电模型，全方位展示了近代泵技术沿革，直观呈现了泵站机组的设备架构原理和水泵工作机理，实现了泵站知识由概念到实物、从零散系统到整体功能的全面展示。

泵站技术展览馆

皂河抽水站旁的文化墙与泵站技术展览馆遥相呼应，仿佛历史与现实的隔空对话，成就了传统文化与现代科技的完美融合。

此外，近年来，皂河枢纽还相继建设了运河文化园、华夏历史治水名人苑、古代提水工具园、古码头遗址、二十四节气农谚宣传栏等水文化景观和特色景点，进一步丰富了水文化展现形式。

二、软件建设

随着新时期水利工程持续的加大建设，江苏省骆运水利工程管理处持续深入挖掘水文化内涵。他们以"亚洲第一泵"为中心，拓展治水、节水、护水等系列宣传科普资源，全面开展特色水情教育。将来，他们仍持续深水文化内涵，讲好水文化故事，续水、传文脉成为江苏水利人新发展阶的奋斗目标。

一是围绕泵技术特色，充分展示泵站工程知识。

通过最美水地标建设，皂河枢纽打造了全国第一个"泵"为主元素的水情教育基地，通过亚洲第一泵及从周边地区收集而来的大型混流泵、轴流泵、离心泵等机组，充分展示了水泵技术进步情况，让参观人员更加详细直观地了解水泵知识。皂河站已经成为各水利院校、相关水利单位学习水泵管理的"活教材"，也成了省水利科学研究院、扬州大学、河海大学等院校的实践基地。

水情教育基地建成以来，皂河水利枢纽已累计接待全国各地泵站及科研院所人员、大中院校及中小学生等超10万人。同时，江苏省骆运水利工程管理处与江苏省水利科学研究院、河海大学、扬州大学等科研院所及水泵企业开展战略合作，形成了产学研用一体化合作典范，推动了泵站技术全链条、多层次、多角度高质量发展。

二是围绕水文化，注重开展多形式的水情教育。

2020年，江苏省骆运水利工程管理处围绕习近平总书记在江苏视察时强调，"要依托大型水利枢纽设施和水利展览馆，积极开展国情和水情教育"的讲话精神，做出了建设江苏省皂河水利枢纽工程水情教育基地的决策部署。

近年来，江苏省骆运水利工程管理处依托皂河水利枢纽，以泵站水文化科普展示为中心，拓展治水、节水、护水等系列宣传科普资源，全面开展特色水情教育。

作为"江苏最美水地标"、省级水利风景区，2021年，枢纽成功入选江苏省省级水情教育基地名单。2022年入选水利部"第三届水工程与水文化有机融合案例"，并被选为宿迁市干部教育培训现场教学点。同年，他们积极创建水情教育基地展览馆，向公众提供讲解服务；通过工程实物、水泵模型、宣传展板及多媒体、知识讲座等多种形式，普及水情基本知识，增强全民水安全、水忧患、水道德意识。结合工程自身特点，制作了系列读本读物和视频宣传资料，加强水情教育的互动性。

皂河水利枢纽水情教育基地建成以来，吸引了全国各地泵站及科研院所专业人员、大中院校及中小学生等前来参观，受众群体范围广、层次多，年均参观学习人数超5万人。下一步，他们将进一步深度挖掘自身工程设施特点，全面加快提升水情教育基地软硬件环境，开发建设多层级水情教育等元素及版块，全面打造特色水情教育基地。

三是围绕幸福河湖，展现江苏水利担当。

皂河枢纽是南水北调东线工程第六个梯级泵站，承担着宿迁、徐州两市沿湖地区工农业和城市生活用水、京杭运河航运用水以及黄墩湖地区的排涝任务。皂河站自1986年投入运行以来，已参与江水北调185亿立方米。通过"望湖运河文化园"，介绍了江苏水利在河长制、打击骆马湖非法采砂行为、整治骆马湖地区"两乱三违"等诸多行动，并通过骆马湖前后对比，充分展示了江苏省在幸福河湖建设过程中所取得的成绩。

近年来，骆运管理处按照"守底线、勇担当、善创新、筑自信、争一流"的新时期发展思路，快速创新发展，多项技术被列入水利部《水利先进实用技术重点推广指导目录》，编纂专业书籍20余本。仅2021年以来，就取得发明、实用新型专利100余项，2022年又被江苏省水利厅定为关键设施设备国产化替代以及信息化数字孪生试点单位。

"守底线、勇担当、善创新、筑自信、争一流"主题教育活动

【延伸阅读】

● 骆马湖的控制工程

骆马湖北临新沂，西连邳州，南接宿豫，东连马陵山，是沂沭泗河水系下

游湖泊型拦洪蓄水水库。它上承沂河及中运河来水，流域面积5.2万平方千米。下游分别从嶂山闸泄洪入新沂河，从皂河闸泄洪入中运河。骆马湖的控制工程分为二线：其一由南堤、皂河节制闸及杨河滩闸，称骆马湖控制；其二是宿迁闸及六塘河闸加上二线大堤、井儿头大堤形成，又称宿迁大控制。

● 江水北调的提水梯级

江苏省江水北送南起扬州市江都区，北到徐州，利用大运河为输水渠道，其中共设9个梯级（水利枢纽），分别为江都、淮安、淮阴、泗阳、刘家涧、皂河、刘山、解台、蔺家坝水利枢纽。其主体建筑均为抽水站。南水北调中线工程实施后，这九个梯级均被纳入其中，并实现了升级改造。

● 亚洲第一泵设计者周君亮

江苏境内江河纵横，水网密布，而苏北地区的沂沭泗诸河排洪入库海的走廊。历史上水患严重，新中国诞生后，党和政府对洪水治理高度重视，兴建了大批排洪、治涝、抗旱和透支工程，逐步形成梯级河网化的水利格局，彻底改变了昔日的景象，大批水利工作者响应毛主席"一定要把淮河修好"的号召，几十年如一日，呕心沥血，周君亮院士就是其中的一位。

1978年，他大胆采用了两台叶轮直径5.7米的国内最大的全调节斜流泵，以解决几十年来未能解决的问题，即遇到中运河行洪时，黄墩湖地区756平方千米土地没有排水出路的问题。但由于施工难度大，资金不足，工程建设进度缓慢。许多人开始怀疑、指责，甚至有人认为这个设计从一开始就是错误。周君亮反复推敲认证，并查阅大量资料，坚持自己的设计，他认为在具体的枢纽布局中可将皂河抽水站结合起黄墩湖排涝，在中运河行洪时，可以抽排涝水入骆马湖，以解决排水出路，并可以利用控制泵站进水池水位。当水位高于低片排涝水位时，加大低片排涝水位。当水位高于低片排涝水位时，加大低片排涝流量，可以迅速降低低片水位，解除涝情。当降至一定水位后，泵站可转为高地排涝，从而解决了高低地的排水矛盾。为此，他顶住压力，坚持按标准设计、施工不动摇。除设计大口径、大流量的斜流泵外，他还在国内首次设计了采用平面蜗壳进水流道和双螺旋形混凝土蜗壳压水室，首次研制出液压快速门断注装置。1989年工程获全国设计金质奖，其主要成就多来自周君亮。

（本文照片均由江苏省骆运水利工程管理处提供）

淮河入海水道大运河立交

7 淮河入海大立交

【概述】

淮河入海水道大运河立交,是淮河入海水道工程的第二级控制工程,也是亚洲最大的"水立交"工程。工程建设不仅成功解决了京杭大运河、苏北灌溉总渠、淮河入海水道三河交汇时泄洪与航运的矛盾,还因其理念先进、造型美观、结构新颖,具有浓厚的水文化特色。近年来,工程管理单位立足水工程,做大水文章,不仅使大运河立交成为水利行业的标志性工程,也使之成为水文化与水工程有机融合的典型案例。

【兴修背景】

淮河入海水道大运河立交工程（简称"大运河立交工程"），主要解决的是淮河入海水道与大运河之间的立体交通难题。

在很长一段时间，淮河是一条河宽水深、尾闾通畅的大河，素有"走千走万，不如淮河两岸"的美誉。但1194年黄河夺淮入海后，打乱了淮河原有水系，造成沂沭泗河脱离淮河干流，原淮河下游，也就是里下河地区洪涝灾害加剧。

大运河立交工程鸟瞰

据统计，新中国成立前，淮河流域2亿亩耕地中经常受灾的有1.3亿亩。淮河下游更饱受水灾煎熬，许多县志都记载着"淮水泛滥，陆地行舟，大旱来临，井泉枯竭，田无麦禾，野无青草"的荒凉之景。大雨大灾，小雨小灾，无雨旱灾，有雨无雨都成灾，成为里下河地区的历史写照。

治理淮河，还苏北人民一方平安的呼声，从黄河夺淮入海起，就从没有停息过，政客、学者提出的相关建议，也是异彩纷呈。但因黄河巨量泥沙无法处理，这些建议多为纸上谈兵，难以付诸行动。

1855年，黄河在铜瓦厢改道北徙，不再夺淮入海，各方恢复淮河原有入海水道的呼声再度响起。其中淮安绅士丁显于1865年发表《黄河北徙应复淮水故道有利无害论》，首倡"浚复淮水故道"。1883年，两江总督左宗棠奏请"开掘旧黄河中泓，引淮河水入海"，"循独行入海之旧"，并主张清政府将淮北盐税全数收入用于复淮工程，在社会上有一定影响，但没有受到清政府的重视。

1906年，清末状元、著名实业家张謇目睹苏北水灾惨况后，写下《复淮浚河标本兼治》一文，并在1911—1922年组织了为期10年的大规模测量。1919年，孙中山在《建国方略》中勾绘了治淮的步骤与轮廓，提出"修浚淮河，为中国今日刻不容缓之问题"，主张开辟淮河入海水道。全面抗战之前，国民政府江苏省政府主席陈果夫还曾主持制定《导淮入海水道工程计划》。该水道西起洪泽湖，沿废黄河入海，可发挥一定的排涝和抗洪作用，但因日本侵华，半途而废。1948年9月，国民政府江苏省政府又制定《苏北黄泛区复兴水利工程计划》，同时因淮海战役爆发而没有实施。

新中国成立后，毛主席发出了"一定要把淮河修好"的号召。1950年10月，周恩来总理主持政务院会议，做出《关于治理淮河的决定》，提出了"蓄泄兼筹，以达根治之目的"的治淮方针，指出"下游开辟入海水道，以利宣泄，同时巩固运河堤防，以策安全。洪泽湖仍作为中、下游调节水量之用"。这是新中国治理淮河的第一个纲领性文件。也就是在这一年，淮河水利委员会应运而生，人民治淮事业也逐渐步入高潮。

【建设历程】

淮河入海水道建设，大致经历了苏北灌溉总渠、淮河入海水道近期工程、二期工程三个阶段。与此相适应，淮河跨越大运河也经历了与苏北灌溉总渠平交和与淮河入海水道立交的历史性跨越。

一、苏北灌溉总渠

苏北灌溉总渠位于江苏省北部，西起洪泽湖边的高良涧，向东流经洪泽、清江浦、淮安、阜宁、射阳、滨海等六县（区），至滨海县扁担港口入海，全长168千米。

工程于1951年10月开工，1952年5月即告完成，是江苏省治理淮河的开端，也是苏北人民响应毛主席"一定要把淮河修好"伟大号召打的第一仗。在国家物资奇缺、财政困难的情况下，治淮大军以工代赈，在隆冬严寒中战天斗地，硬是用手挖、肩挑、车推等近乎原始的方法奋战了大半年，完成了全部工程的土方任务，凸显了新中国人民的治水精神和时代精神。

苏北灌溉总渠的线路与淮河入海水道平行，使淮河在被黄河夺去入海口后，终于重新有了自己独立的出海口。但因其规模有限，而且主要着眼于灌溉两岸农田，尚不具备宣泄淮河干流洪水的条件。总渠修建后，淮河干流的主要来水还是借道长江入海，另有一部分由淮沭河借道新沂河入海。

苏北灌溉总渠，可视为淮河入海的低配版，或是新中国对恢复淮河入海水道最初的尝试。

苏北灌溉总渠与大运河采用平交方式，直接过河。

苏北灌溉总渠全面开工

二、淮河入海近期工程

1991年江淮大水后，党中央、国务院作出了《关于进一步治理淮河和太湖的决定》，明确在"九五"期间建设淮河入海水道。

淮河入海水道紧邻苏北灌溉总渠北侧，西起洪泽湖东侧二河闸，东至扁担港入黄海。其中京杭大运河以西为单泓，以东分为南、北两泓。其施工程序为开挖北泓筑水道北堤，扩大挖深原有总渠北面的排水渠作为南泓。南北两泓平均堤距约580米。在近期工程中兴建二河、淮安、滨海、海口4个枢纽及淮阜控制，共有穿堤建筑物29座、跨河桥梁7座。

1998年10月，淮河入海水道工程开始试挖。1999年10月全面开工。

2003年6月底，主体工程提前完成，并在6天后的7月4日紧急启用，抗御当年特大洪水。

2006年10月21日，淮河入海水道工程通过水利部和江苏省共同主持的竣工验收。

淮河入海水道与大运河采用立交方式，大运河立交也在此时应运而生。

双塔夕照

三、淮河入海二期工程

国务院批复《淮河流域综合规划（2012—2030年）》，明确实施淮河入海水道二期工程，到2030年将洪泽湖防洪标准提高到300年一遇。主要内容包括：扩挖河道162.3千米，加高培厚南、北堤317.6千米，防渗处理68.1千米，软土地基段北堤退建12千米（二期可研批复北堤退建堤防21.62千米），扩建二河、淮安、滨海、海口4座枢纽建筑物，改建淮阜控制工程，以及改、扩、拆建沿线15座跨河桥梁、28座穿堤建筑物工程、建设堤顶防汛道路320.3千米等。

二期工程建成后，淮河入海河道将加宽到750米，深约4.5米，设计流量从2270立方米每秒（校核流量2890立方米每秒）提高到7000立方米每秒（校核流量 7920 立方米每秒）。配合其他工程，可使洪泽湖入江入海设计泄洪能力提高到 20000~23000 立方米每秒，防洪标准提高到 300 年一遇。

二期工程开工动员会于 2022 年 7 月 30 日在淮安水利枢纽召开，先导段工程同时正式开工。

【工程简介】

一、工程概况

淮河入海水道大立交工程，由东西向的淮河入海水道和南北向的京杭大运河组成，是淮河入海水道的第二级枢纽淮安枢纽的主体工程，也是南北大运河上重要的跨河建筑物。其主体工程为地涵。

淮河入海水道大运河立交地涵于 2000 年 11 月开工建设，2003 年 11 月建成，为大（2）型水闸。大运河方向为渡槽，槽宽 80 米，长 125.7 米，按Ⅱ-（3）航运的通航标准设计，可通航 2000 吨船舶；入海道方向为涵洞，15 孔，单孔净宽 8 米，高 6.8 米，总宽 122.48 米，顺水流方向长 101.35 米，交通桥净宽上游为 7 米，下游为 6.4 米。闸门为潜孔式平面定轮钢闸门，配备液压式启闭机。

在近期工程中，地涵设计泄洪流量 2270 立方米每秒，强迫泄洪时可加大到 2890 立方米每秒。二期工程完成后，其设计流量将提高到 7000 立方米每秒，校核流量将提高到 7920 立方米每秒。

二、工程特色

无论从尺寸、规模及设计流量，淮河入海水道大运河立交均是亚洲最大的水立交工程，因此被称为亚洲之最水立交。在这里，淮河之水经地涵横贯东西，京杭大运河以渡槽纷纭南北，两者立体交汇，互不干扰，这是大运河立交神奇之处，这也是它最重要的工程特色。

三、工程效益

作为淮河入海水道的重要控制枢纽，大运河立交工程在设计中采用了先进的布置方案、结构形式和防渗排水技术，成功解决了京杭大运河、苏北灌溉总渠、淮河入海水道三河交叉、泄洪与航运的矛盾，发挥了巨大的综合效益。

（一）防洪减灾效益

淮河入海水道一期工程建成后，淮河流域发生多次特大洪水，大运河地涵多次分洪。分别为：2003年，运行33天，共下泄洪水44亿立方米，最大泄流量1870立方米每秒；2007年，运行22天，下泄洪水34.2亿立方米，最大泄洪流量达2080立方米每秒；2010年运行16天，下泄水量1.46亿立方米，最大泄洪流量100立方米每秒；2018年自5月7日开始全力投入泄洪，累计下泄洪水2.6亿立方米。大大缓解了淮河干流和洪泽湖的防洪压力，保护了洪泽湖大堤和里下河地区的安全。

（二）航运效益

大运河立交工程，使淮河行洪与大运河航运相对独立，互不干扰，保障了行洪期间大运河航运不受影响，显著提高了航运效益。

四、工程荣誉

淮河入海水道工程被评为"新中国成立60年百项经典暨精品工程"，是江苏省有史以来获奖最多的单项水利工程。淮安枢纽曾与滨海枢纽、二河枢纽、海口枢纽和204国道桥同获水利部"中国水利工程优质奖"。同时单独荣获2004年"全国优秀工程设计银质奖""水利部优秀工程设计金质奖""中国建筑工程鲁班奖""中国土木工程詹天佑奖""中国水利工程大禹奖"。

【文化解读】

大运河立交工程，集几代水利人的智慧、奋斗、奉献，铸就了人民治淮的现代丰碑，同时地方水文化得到传承、弘扬和发展，充分彰显了现代水利工程瑰丽怡人的魅力以及人水和谐的文化情怀。

大运河立交工程位于淮安水利枢纽内，坐拥淮河、长江、运河三大水源，大河文化与丰厚的地域文化，水利工程物态文化与宜居的生态文化在此相互交集。

一、大河文化

明清时期，淮安位于大运河、淮河与黄河交汇处；清末以来，黄河北徙，淮河入江，这里又成为大运河、淮安与长江交汇处。大运河立交处，京杭运河纵贯南北、苏北灌溉总渠、淮河入海水道横贯东西，加之周边的废黄河、盐河等，形成了典型的大河文化。其中运河文化、淮河文化对淮安影响至深。

雾中索桥

（一）与运河相关的漕文化

京杭大运河是中国，也是世界上最长的古代运河。大立交所在的里运河，最早可以追溯至公元前486年吴王夫差为与中原的晋国争霸修建的邗沟，是大运河修建最早的一段河道，也是淮安人民的母亲河。历史上，淮安与扬州、苏州、杭州并称"运河四大都市"，是大运河沿线交通枢纽、漕粮储地和商业重镇。古代淮安因运河而兴。境内杨庄古泗口遗址是最古老的运河交通枢纽之一，漕运总督府衙，是明清两朝督理漕运的最高军政机构，这里不仅有漕粮转搬仓和明清两朝最大的漕船制造厂，还有淮上第一名园——清宴园。沿古运河两岸，珠连着十多个古城镇，形成了一条积淀丰厚的运河历史文化长廊。尤其是从清江大闸到淮安区的河下镇这十几千米，汇集了众多与运河相关的历史古迹、人文传说，成为著名的人文景观带。

1959年，大运河裁弯取直后，留在淮安城区的里运河段失去航运功能，成为文化河与景观河。而新开辟的大运河则接起里运河的航运职能。直到今天，公路、铁路运输高速发展，淮安的大运河依然舟行如织，一派繁忙景象；大运河仍是仅次于长江的我国第二大航运河流。

（二）与淮河相关的洪水文化

淮安因淮河得名，淮安水利枢纽因治淮而肇始，亦因治淮而发展壮大。淮河是淮安的母亲河，对淮安文化影响至深。

自古以来，淮河自古河宽水阔，出流顺畅，将淮安打造成物产丰饶、经济繁荣的"壮丽东南第一州"。但1128—1855年的黄河改道，使淮安的河流命运多舛，或被截断改道，或因出水无路而潴积成湖，部分河段甚至就此湮灭，洪水灾害不断加重。在与洪水斗争的历程中，淮安涌现了潘季驯、靳辅、于成龙、张鹏翮一批治河名臣，以及陈潢、郭大昌等著名水利专家，实施了蓄清刷黄、束水攻沙、治河保运等治河实践，建成了洪泽湖大堤和清口水利枢纽等大型水利工程，写下了治淮史上一段传奇。

（三）与长江有关的调水文化

长江本来与淮安没有关联。但19世纪50年代淮河下游的淤堵和洪泽湖大堤的溃决，让蓄积已久的淮河水流借大运河沿高邮湖、邵伯湖汇入长江。新中国成立后，江苏省通过江水北调工程，让长江之水逐级抽送，沿大运河回馈淮安，润泽苏北，进入21世纪以来，江苏省的江水北调被扩建为国家南水北调的东线工程后，在大立交工程不远就矗立着四个抽水泵站，它们共同构成南水北调淮安枢纽的主体工程。

"南水北调"的核心就是"调水"，中国古代调水历史悠久，但以十多个泵站接力提水，将水从千里之外的扬州提升数十米跨过山东丘陵，然后再逐步下降，输送同样千里之外的北京、天津，却只能是共产党领导下新中国的大手笔。站在大立交上看滚滚江水北调，让人不由生出许多感叹。

二、淮安地区水文化

淮安地处淮河下游，京杭大运河中段，运河纵贯南北，淮河贯穿东西，洪泽湖、白马湖、高邮湖、宝应湖，以及密布的水网，使淮安成为一座水做的城市，其下属的区县，如淮阴、洪泽、涟水、金湖、清江、洪泽等大多带有水旁。许多乡镇如高良涧、码头、平桥、车桥等也颇具水乡特色。

水在润泽淮安沃土的同时，也哺育出了大批彪炳史册的杰出人物。如军事家韩信、汉赋大家枚乘、"苏门四学士"之一的张耒、《西游记》作者吴承恩、《老残游记》作者刘鹗，抗英民族英雄关天培，以及一代伟人周恩来等。

淮安因丰富的水文化入选国家首批"历史文化名城"，留下了诸多的水文化节传说和治水故事，以及大量咏咏水利的诗文。便利的水运条件，丰富的水产资源，还使淮安成为淮扬菜系的发源地。

三、新中国的治水文化

从楚州、淮阴到淮安，更换的不仅是地名，也是广大人民对淮河安澜的期望。这种愿望也只有在新中国才逐步成为现实。

新中国成立后，在中国共产党的领导下，淮安开始了"导沂整沭"工程，70万民工奋战一冬春，开辟了144千米长的入海河道——新沂河。1951年，淮、盐、泰三地80万治淮大军，开辟了苏北灌溉总渠。接着淮安人民先后建成了三河闸、二河闸、淮阴闸、沭阳闸，实现跨流域调水，达到了分淮入沂、淮水北调、淮沂互济、综合治理之目的。

如今大运河立交所在的淮安水利枢纽，正是在新中国治理淮河的基础上，逐步形成的，它具有三大特点。

一是工程林立、数量繁多。在5000多亩范围内，建有27座水工建筑物，数量之多、密度之大，在全国难以找到第二处。

二是种类齐全、功能各异。在这里已建有4座大型电力抽水站、10座涵闸、4座船闸、5座水电站等水工建筑物，其中淮安抽水一、二、三站以及新建的四站一起构成了南水北调东线工程的第二梯级站，犹如一座水利工程博物馆。

三是水系复杂，泾渭分明。淮安水利枢纽位于国内3条著名的人工河道：京杭大运河、苏北灌溉总渠、淮河入海水道的交汇处，淮安水利枢纽既是南水北调东线工程输水干线的节点，又是淮河之水东流入海的控制点。它上与湖相接、下与海相连、南与江相通，南北东西，四通八达，这里是水的调度站，5种不同水位的水，听从人意，东西南北任意调遣。

只有到了共产党领导下的新中国，才让淮安才能有名有实，让淮河治理的长治久安成为现实。

国家级水利风景区淮安水利枢纽全貌

【水文化建设】

淮安缘水得名，因水而兴，是一座典型的水城。"建一项工程、成一道风景、美一处环境、传一段文化"，是淮安水利人的始终追求。就大运河立交而言，淮安水利人在满足防洪、排涝、航运等基本功能的同时，将城市生态、旅游景观、文化传承、休闲娱乐等融入其间，让水利工程从以往的保民工程向惠民工程、润民工程转型提升。兴建淮河安澜展示馆，以及入海水道立交地涵上具有汉唐风韵的安澜塔，就是其中的大手笔。

一、硬件建设

（一）安澜塔

"安澜塔"共两座，是大运河立交的标志性建筑，分别位于大运河立交地涵的上下游。均高 31.9 米，共 7 层。底部两层为水工建筑，布置电气设备、液压泵站和主控制室,侧面以廊桥连接布置变压器和高压开关柜及卫生间等裙房,廊桥下为交通道路。材料方面采用厚重粗犷的火烧板作为基座外装饰材料,给人以稳定庄重之感,同时也渲染了枢纽工程的厚重感。上面五层为文化建筑,是中央设置观光电梯的开敞式观光塔,采用轻巧纤细的青瓦和构架,与下部形成虚实相间的强烈对比,给人以稳定而轻灵的感觉。

两座安澜塔在外观上采用了战国时期的楚式门楼形制,标志着这里曾经是楚国的领地,也有寓意着这里是淮安市楚州区。高7级,暗合"救人一命,胜造七级浮屠"的慈悲思想,而塔式外观,也暗合中国民间"宝塔镇河妖"的心理。桥头堡的正式名称为安澜塔,寄托着淮安人民期望淮河安澜的梦想。

安澜双塔

在两座桥头堡之间,布设长108米钢制悬索桥,它结构纤细,外表轻盈、线条婀娜,与钢筋混凝土制造的冰冷、笔直、坚硬的水工建筑同样形成鲜明对比,既方便了工程管理,又为游览观光创造了条件。更重要的是,它纵贯地涵之上,横跨大运河,可以最简单直接的方式让外人知道工程主体建筑——地涵的位置,也与周边的风景形成了有机整体。而站在桥上俯视,可见宽广的平原、纵横的水网、繁忙的港口、美丽的城乡,以及不远处宏伟的水工建筑群,真有"把酒临风,其喜洋洋者矣"的感受,又颇有"你在桥上看风景,看风景的人在楼里看你"的韵味。

安澜塔是江苏最高的水工建筑物，是整个淮安枢纽工程的亮点，也是大运河上一颗新增的璀璨明珠。它与淮安古代建成的"镇淮楼"南北相望，雄视古今。已成为淮安地区别具特色的人文景观和休闲场所及周边群众观光旅游的好去处。

（二）管理区

淮安水利枢纽的管理区域三面环水，兴建的水利主题公园，以淮河安澜展示馆和调度控制中心办公区为主，辅以入口广场、中心景观大道、桐柏山展示区以及顺流而下的淮河微缩景观等景点，突出展示了淮安水利枢纽浓厚的"水"文化氛围，体现了现代水利工程"以水悦民、人水和谐"的新理念。区内景观在满足人们亲水、爱水、赏水、嬉水需求的同时，还发挥着多层面的工程效益。

淮安市水利枢纽水利风景区总面积约3.8平方千米，核心景区占地5000亩。京杭大运河、苏北灌溉总渠及淮河入海水道三条人工河道在这里立体交汇，3平方千米范围内，建有大型电力抽水站、节制闸、船闸、地涵等水利工程近30座，发挥灌溉、排涝、泄洪、航运、发电、冲淤保港的作用。众多的水工建筑犹如一座水利工程博物馆，构成了景区奇特的水利景观。登高眺望，整个枢纽浓荫蔽日、花木葱茏、曲廊迂回、喷泉冲天、气势磅礴。钓鱼台、金鱼池、葡萄架等相映成趣，各式建筑楼群鳞次栉比，风格迥异。办公场所掩映在绿树丛中，枇杷、柿树、桂花、红杏、紫李、丁香、春桃，引来了百鸟和鸣，鹊唱梅梢，这里四季怡人，胜景常驻。2004年7月，淮安水利枢纽被评为国家水利风景区，与周恩来纪念馆等人文景观遥相呼应，是淮安旅游的重要组成部分。淮安水利枢纽是新中国成立以来治淮工程的缩影，更是人水和谐的大公园。

（三）淮河安澜陈列馆

淮河安澜展示馆位于淮安市楚州区南郊苏北灌溉总渠与京杭大运河交汇处。展示馆为圆形建筑，分上下两层，展示面积为1650平方米。

淮河安澜展示馆是淮河流域"水"文化的科普基地，综合反映淮河流域的历史变迁、治淮历程和治淮展望，解析人水和谐的深刻哲理，弘扬水利精神，讴歌党和政府带领淮河儿女治理淮河的丰功伟绩，是提升淮安水利枢纽文化品位的一项重要基础设施。

淮河安澜展示馆是江苏唯一以治淮为主题的水利展馆，主要包含历史淮河、今日淮河和未来淮河三大主体。通过淮河流域历史传说的描述、部分文物的展示，能综合地反映出淮河随着历史和时代的变迁，由戕害生灵、放荡不羁，到驯服安澜、兴利于民的演变和治理过程，歌颂了新中国成立后党和政府带领淮河儿女治理淮河的伟大壮举。通过展示淮河流域的水系分布情况，体现出治理淮河任重而道远，同时用高科技的手段集中展示江苏境内淮河流域水利工程的控制运用，向人们传递一个信息——实现水利现代化是实现现代文明的必由之路。作为水利专业展馆，具有非常鲜明的特色。把历史用现代手段展示出来，既闪现亮点，又体现出以史为鉴、昭示后人的展示目的。

淮河安澜展示馆内景

（四）闸门文化广场

沙庄引江闸拆除重建时，为了展示水闸闸门发展历史，宣传闸门知识，将70年代制作的钢丝网水泥闸门竖立进行了主题展示。反映了改革开放初期，经济困难和钢材紧张等百废待兴的情况下水利人的治水决心和大智慧。

2004年7月，以淮河入海水道大运河立交工程为标准性景点的淮安水利枢纽被评为国家水利风景区。

二、软件建设

大运河立交工程建成以来，管理单位——江苏省淮河入海水道工程管理处在管好、用好工程，充分发挥工程应有效益的同时，立足水工程，做大水文章，使淮河入海水道大运河立交工程成了水利行业内外一个标志性的水利工程名片，成为水文化与水工程有机融合的典型作品。也吸引了各级领导、专家学者、游客及大中小学生前来到访参观。

在工程文化建设方面，淮河入海水道大运河立交主要通过六个方面实现了工程与文化的有机融合。

（一）立足工程做宣传

文化是扎根在实体之上的，是在实践活动或者各式作品基础上开出的花、结出的果。入海水道大运河立交工程就是水利人的一个精美作品。就工程而言，它是淮河入海水道工程建设的一部分。入海水道近期工程设计行洪流量2270立方米每秒与入江水道、苏北灌溉总渠、分淮入沂等工程一起，将洪泽湖及淮河下游地区的防洪标准由50年一遇提高到100年一遇，为淮河下游地区2000多万人口和3000万亩耕地提供防洪安全保障。同时，待淮河入海水道二期工程实施后，其航运等效益也将凸现。它西接淮河干流，东连黄海，与通榆河、京杭运河、长江以及苏北腹地水系相沟通，形成苏北、江苏乃至更大范围的水系网络，有效地加强了区域的经济联系。二期工程完成后，就可以实现"一根扁担挑两个花篮"。一头是大海，一头是洪泽湖，海港开发、洪泽湖利用、交通航运、旅游景点、沿线经济带的发展，都能相机跟上。

淮河入海水道工程建设是一件吸睛无数的大事件，它寓意着淮河入海为安的千年梦想得以实现，同时又是新中国成立以来江苏最大的单项水利工程，在建设者们的努力下，工程先后获得了大禹奖、鲁班奖、詹天佑奖，在展现水利工程建设水平、弘扬水利工程建设文化方面具有代表性的意义。工程建设以来，吸引着全国水利工作者前来参观学习交流，在传承和交流水文化工作中承担着使者的作用。

就淮河入海水道大运河立交工程自身而言，其上槽下洞结构也是亚洲同类工程规模最大且极具特色的。远观大运河立交工程，它就是一件精美的建筑设计作品。工程配套建设的淮河安澜塔，具有浓厚的汉唐风格。它位于淮河入海水道与大运河立体交叉的古运河上，塔高31.9米，共7层，是江苏最高的一座水工建筑物。登上安澜塔，看水网纵横、船如长龙。往北眺望与安澜塔南北相望的镇淮楼，新旧两座与治淮历史紧紧相连的建筑映衬着治淮的过去与现在，失败与成功。镇淮楼是斑驳旧梦,而安澜塔开启新篇。

(二)立足区域抓科普

大运河立交工程坐落在风景如画的淮安水利枢纽风景区内,是景区内最有代表性的水工建筑。淮安水利枢纽工程林立、数量繁多,种类齐全、功能各异,决定了这里是绝好的水利科普场所,因此每年也吸引着许多水利院校的学生前来学习实践,了解闸站涵的特点异同。不懂水利的人来到大运河立交通过实地观察与讲解,也可以学习到不仅在交通上有立交枢纽,在水利上也存在着水上立交等知识。

(三)立足环境抓生态

在淮河入海水道大运河立交工程的建设管理过程中,建设管理者以建设精品工程的理念为指导,把工程建设管理与环境景观建设结合起来,实现一座工程一处景点的目标。

建设管理者以淮河入海水道立交工程为中心坐标,建设了淮河微缩景观、亲水平台与长廊等一系列带有浓厚水文化气息的特色景点。

(四)立足地方促融合

淮河入海水道大运河立交位于全国历史文化名城淮安南郊。近年来,大运

大运河立交下游

河立交工程管理者们通过把工程水文化置于地方水文化大餐的盘子中，通过与地方文化的有机融合，使之成为水文化大餐中的特色餐点、精致餐点，并逐渐通过地方旅游推介增大了知名度影响力。

因为水资源丰富，近年来，淮安地区大力发展水利旅游项目，开辟了里运河文化长廊、康熙运河水上游、洪泽湖水上风情游、淮河风光游、古黄河生态游等一系列旅游项目。淮河入海水道大运河立交搭上地方大力发展旅游事业的契机，通过自我完善水文化相关设施，吸引游客到来。淮安市也将大运河立交作为淮安市古运河旅游风光带的南起点，打包进地方旅游的整个体系之中。现在，淮河大运河立交已成为淮安地区别具特色的人文景观和休闲场所。

（五）立足文化抓传承

为展现艰辛的治淮历程，本着以史为鉴、继往开来的思想，在淮河入海水道大运河立交建成后，工程的管理方配套建设了淮河安澜展示馆，把水文化科普出去、传承下去。

省淮河入海水道工程建设管理局创作的《淮河入海水道之歌》，"西吞淮河千里水，东吐黄海万顷浪。不尽淮水滚滚来，奔腾入海报安澜……"高度概括了淮河入海水道的功能作用。许许多多民歌民曲，均以丰富的内容，优美的旋律，唱响了大江南北和淮河两岸，唱出了治水人的智慧和意志，唱出了人民的心声，塑造了水利工程人与自然的和谐美。

中国建筑工程鲁班奖获奖证书

（六）立足特色创文明

淮安水利枢纽安澜塔与淮安区镇淮楼遥相呼应，巍巍壮观，是千里淮河和千年运河的地标性建筑。2003年基本建成以来，先后获国家水利风景区、国家水情教育基地、中国建筑工程鲁班奖、中国水利优质工程大禹奖、中国土木工程詹天佑奖、全国优秀工程设计金奖、新中国成立60周年

新中国成立60周年100项经典暨精品工程获奖证书

一百项经典暨精品工程奖、国家级水利工程管理单位、江苏省文明单位、江苏省爱国主义教育基地、江苏省科普教育基地、江苏省水利安全生产标准化单位，工程图片入选"新中国治淮60周年纪念邮票"，工程获评"江苏最美水地标""江苏最美运河地标"。

【延伸阅读】

● 漂在水上的城市——淮安

淮安位于江苏北部，大运河与淮河交界处。境内的河流密布，均构成以洪泽湖为轴心，以京杭大运河为基轴的放射性水系。在淮安，除大运河外，淮安城区从西北向东南还分布有淮沭河、盐河、废黄河（古淮河）、里运河，以及淮河入海水道、苏北灌溉总渠等，这些均可通航。因此淮安也被称为"漂在水上的城市"。其中京杭大运河、里运河、古淮河和盐河穿城而过，为水文化与水工程最为集中的区域。

如今，随着陆上交通和航空业的发展，水运早已度过了自己的黄金时代，但在淮安的诸多河流，尤其是大运河，仍然百舸争流，其水上运输仍然较为发达。今天的淮安已经提出了"水润淮安"的新的命题，期望河流把城市与人民的生活滋润得更为美好。

● 淮安水利枢纽

淮安枢纽工程位于淮安市南郊楚州区、京杭运河与苏北灌溉总渠交汇处，是大运河跨越苏北灌溉总渠与淮安入海水道的一系列重大水利工程的合称。枢纽占地总面积333.4公顷，其中陆地面积113.4公顷。由4座大型电力抽水站、11座涵闸、4座船闸、5座水电站等24座水工建筑物组成，这里既是南水北调东线工程输水干线的第二个梯级，也是淮河入海水道的第二级枢纽。其气势之宏伟、工程数量之多、密度之大、种类之全、功能之复杂，水文化之丰厚，均为国内罕见，堪称当代水利工程博物馆，是50多年来新中国治淮成就的缩影和真实写照。2004年7月，淮安水利枢纽已被水利部评为"国家水利风景区"。

大运河立交是淮安水利枢纽的重要组成部分，也是其代表性建筑物之一。

淮河入海大立交

● **淮河下游的两个口门，四条水道**

淮河位于中国东部，介于长江与黄河之间，与长江、黄河和济水并称"四渎"，也是中国七大江河之一。

淮河发源于河南省南阳市，桐柏山主峰太白顶，干流流经河南、安徽、江苏三省，全长约 1000 千米。其中洪河口以上为上游，长 360 千米，流域面积 3.06 万平方千米；洪河口至洪泽湖出口中渡为中游，长 490 千米，流域面积 15.8 万平方千米；但其下游较为复杂，共有四条河道。从南到北分别为：

（1）淮河入江水道。北起三河闸，南至扬州三江营，全长 157.2 千米。以高邮湖施尖和邵伯六闸为界，划分为上中下三段，均建有控制建筑物。三河闸最初设计行洪 8000 立方米每秒，1968 年按 12000 立方米每秒的规模进行加固建设，是如今淮河最重要的下游河道。

（2）苏北灌溉总渠。西起二河的高良涧渠首，东到扁担港流入黄海，全长 168 千米。设计引水流量 500 立方米每秒，汛期排洪流量 800 立方米每秒。规模在 4 条河道中居于最末。

（3）淮河入海水道。西起二河闸，东至扁担港，与苏北灌溉总渠平行入海，全长 162.3 千米。设计近期行洪能力 2270 立方米每秒，远期排洪能力约 7000 立方米每秒，远大于苏北灌溉总渠，但小于入江水道。

（4）淮沭河。南起二河闸，北至沭阳县城入新沂河，全长 97 千米，设计行洪流量 3000 立方米每秒，河中有建有淮阴闸、沭阳闸等控制工程。

因此，目前洪泽湖大堤有二河、三河两个口门、四条通道，实际上成为一座具有防洪、蓄水、水产、航运和生态等综合利用功能的巨型平原水库。其泄洪能力近期约 1.8 万立方米每秒，可防淮河流域百年一遇洪水；入海水道远景工程完成后，超过 2.2 万立方米每秒，防洪标准达 300 年一遇。

（本文照片均由江苏省淮河入海水道工程管理处提供）

天汉湿地公园（局部）

8 天汉湿地靓汉中

【概述】

　　汉中市天汉湿地公园位于汉中市中心城区段汉江边，是汉中市以实施一江两岸综合治理为契机，着力打造的一处集生态修复、景观游赏、旅游度假、科普教育、户外休闲等多功能为一体的河流型湿地公园，也是陕西省建设"安澜汉江、生态汉江、人文汉江、魅力汉江"的生动实践。湿地公园不仅增强了汉中城区防御洪水灾害的能力，更提升了全市沿江地区的生态景观和文化品位。在汉江上游树立了一座水工程与水文化有机融合的丰碑。

【兴修缘由】

建设天汉湿地公园，是综合治理汉江的必要手段，是汉中城市高质量发展的必然要求，也是广大汉中市民的热切期望。

一、综合治理汉江的必然要求

汉江是长江最大的支流，也是陕南地区最重要的河流。汉江陕西段河长、流域面积及年均径流量均占丹江口水库 2/3 左右，干流横穿汉中、安康两市十多个县区，支流涉及大半个商洛地级市，是陕南经济社会发展的核心地带。

汉江陕南段水资源丰沛，生态环境也较为优越。但一段时间以来，因围河造田、陡坡耕种以及废污水的随意排放，导致水土流失、水污染加重。同时，汉中地区缺乏控制性水利枢纽，导致水资源分布不均，洪水时节白白流走，干旱时节又水量不足。

实施汉江流域综合治理工程，保护汉江的水资源、水环境和水生态，不仅事关汉江流域的长治久安，还事关南水北调中线工程的水质安全，成为陕西省特别是汉中市义不容辞的责任。

二、汉中城市高质量发展的必然要求

汉中位于陕西西南，是汉江发源地。汉江既是汉中的母亲河，也是横贯汉中市的经济带。汉中下辖 11 个区县，有 6 个位于汉江岸边，4 个濒临主要支流，仅有略阳一县归属嘉陵江流域。汉中主城区也沿汉江向上下游延伸，全市绝大多数的人口及 GDP，均出产于汉江两岸。

1997 年以前，汉中市对汉江两岸缺乏整体规划，或是荒滩，或是棚户区，房屋杂乱无章，基础设施极不完善，环境脏乱差，极大地影响了汉中的市容市貌和汉江水质。对汉江进行综合治理，打造"安澜汉江、生态汉江、健康汉江、魅力汉江"，成为 300 多万汉中市民的夙愿。

三、汉中市民向往美好生活的必然要求

长期以来，汉中缺乏高品质的文化展示空间和文体活动空间，广大市民也希望通过综合治理，在汉江两岸腾出一片宝贵空间，实现对美好生活的愿望。

【建设历程】

1996年，汉中撤地设市。1997年新成立的市委市政府站在对历史、对人民负责的高度，在第4轮城市规划中提出了城市跨汉江发展的战略构想。2003年，随着汉江桥闸的建设，汉中市揭开一江两岸综合治理汉江的序幕，天汉湿地公园也由此应运而生。其建设经历了三个阶段。

一、2003—2008年，区县分治阶段

2003—2008年，汉中市的汉江治理仍依照传统方式，以中心治导线为界。线北的汉中主城区，由城建部门为主，水利部门辅助，依照城市建设规划进行；线南的南郑县（2017年改为南郑区），由水利部门依照水利规划进行。两者在标准、规模和功能上均存在显著差异。汉台区在汉江北岸建成了高水准的江北体育休闲公园，内部设有亲水平台、景观步道及堤顶路等多条游览健身步道、多个休闲广场和雕塑主题广场，各类健身设施一应俱全，成为市民休闲锻炼的好去处。而南郑县的建设则相对落后。

汉江两岸不平衡、不充分的治理模式，不能满足广大人民对美好生活的向往，也对汉中城市形象造成不利影响。成立一个跨部门、跨行政区的领导与办事机构，专职负责一江两岸范围建设、管理等工作，实现汉江城区建设的平衡发展，日益成为汉中人民的共识。

二、2008—2011年，建成东段汉江景观带

2008年，水利部推行中小河流流域治理，陕西省也陆续出台了汉江生态修复的有关措施。汉中市委、市政府正式确定了"一江两岸"的城市建设总体规划，并成立以常务副市长为主任的一江两岸开发管理委员会，其下设办公室，专项

建设、管理原来分属汉台区、南郑县管辖的河堤及滩地。同时确立了先东后西、分片打造的思路，集中力量打造汉江桥闸至天汉大桥的东片区汉江景观带。

也就是在2008年，因汶川地震影响，汉中市原汉江二号桥报废，2009年，天汉大桥在原址重建。因此，汉江景观带与天汉大桥的建设基本同步。2011年，天汉大桥建成通车，汉江景观带也全部建成，并免费对市民开放。

绿肥红瘦

【工程简介】

一、工程概述

从工程类型上看，天汉湿地公园主要由市政及水利工程、生态工程和文化工程三部分组成。

（一）市政及水利工程

天汉湿地公园的主要市政工程包括"三桥"，即汉江闸桥、天汉大桥、龙岗大桥，"两闸"，即汉江桥闸和水力自动翻板闸，此外，还对沿岸10.9千米堤防按照防御 100 年一遇的标准进行硬化处理。

1. 汉江城市桥闸工程（含一桥一闸）

汉江城市桥闸工程位于天汉大桥下游 4.5 千米、冷水河入江口上游约 550 米处，由一座公路桥及一座拦河闸构成，是集城市交通和城市景观于一体的大型综合性城市基础设施工程。工程 2004 年 10 月开工，2007 年 9 月建成通行。

汉中桥闸的桥梁段长 1160 米，主桥宽 28.6 米，引桥宽 27 米，为 5 跨连拱形钢管拱桥。双向 4 车道，设计日通行能力 5000 辆次。涵闸由 30 孔升卧式闸门和 174 米长的溢流堰组成，每孔闸门净宽 17.5 米，闸孔中心距 20 米，正常挡水高程 502.5 米。

汉江桥闸是汉江干流开发的第一个梯级，兼有行车、蓄水、景观三大功能，是汉中建筑桥梁史上单体投资规模最大、技术含量最高、施工难度最大、涉及面最广的市政基础设施建设项目。工程荣获国家级工程建设最高奖——"鲁班奖"。

桥闸的建成，使汉江在汉中城区段形成了长约 6 千米、面积约 3.03 平方千米的人工水面，搬迁民居退出的沿江空间，成为天汉湿地公园最早建成的部分。

桥闸夜色

2. 天汉大桥

天汉大桥位于汉中城市中心主轴天汉大道上，原为 1989 年修建的汉江 2 号桥。因在汶川地震时严重受损,于2009年拆除。重建后的天汉大桥为预应力混凝土变截面多跨连续梁桥,全长645米。主桥共7跨,孔跨全长427米,最大跨径75米。桥面宽40米,分两幅设置,主车道为双向6车道,两侧设非机动车道和人行道。

天汉大桥以"古汉神韵"为设计理念,两端建有汉阙造型的塔楼各两座,桥型简洁明快,美观大方,气势恢宏,以抛物线变化形成类似拱形,桥头及栏杆体现出汉文化特色,使得桥梁与古典文化有机结合。

3. 龙岗大桥

位于汉中市西二环路,连接滨江新区和龙岗新区,是汉中城区第三座汉江大桥,也是亚洲首座三塔斜拉—自锚式悬索组合体系桥。2010年1月开工,2012年建成通车。大桥全长713米,宽40米,集斜拉桥、悬索桥、钢混叠合梁桥、混凝土连续梁桥四种桥型于一身。大桥南北钢副塔对称于主塔,呈现出"鱼跃龙门"的生动造型,无论是桥型还是工艺都突破了传统的桥梁设计理念及施工工艺,成为汉中市最具标志性的建筑之一。

低坝泄洪

4. 汉江中心城区水力自控翻板闸坝工程

位于天汉大桥与龙岗大桥之间,总长530.2米,其中溢流段净长525米。共

75孔，每孔安装7米×3米混凝土预制闸门扇，闸前正常蓄水位505.5米。翻板坝建成后，在其上游形成长约4千米、面积1.88平方千米、容积735.5万立方米的景观水面，为构建天汉湿地公园中西段提供了条件。

（二）东区：汉江景观带

兴建于2005—2012年，位于桥闸与天汉大桥之间，以防洪工程为基础，结合水生态和水文化景观，建成了诗词大道、日晷广场、休闲长廊、画墙、亲水平台、大型音乐喷泉等。共有景观绿地28.3万平方米，景观园路16千米，各类景观广场28处。安装护栏16300米，各类景观造型灯具15000余盏，各类服务性建筑21座，文化长廊6处，大型音乐喷泉1处，室外全彩LED电子大屏3块，视频监控点43处，园林音响195套，综合监控中心1处。

汉江景观带的建设使得一江两岸堤防不仅仅只满足于防洪需要，更成为汉中城市的对外"会客厅"和外地游客的旅游目的地，形成了汉中最具特色的城市名片。

（三）西区：滨水生态公园

位于景区中西部的滨水生态公园，共分6个部分。

1. 中林滩段防洪工程

汉江汉中市中心城区中林滩段防洪工程属汉江综合治理项目之一，设防标准为100年一遇洪水，等级为一级。主要建设内容为：加固堤防总长度6018米，新建护滩工程4477米，新修加固建筑物48座（处）以及景观工程及管理设施。

该工程是省委省政府召开汉江综合整治动员会的主会场，于2012年1月15日开工，堤防工程2012年11月主体全部完工。完成砂砾石回填60.7万立方米，土方开挖23万立方米，弃土外运18万立方米，格宾笼装石8万立方米，浆砌石砌筑2万立方米，混凝土浇筑2.4万立方米，路面压花3.27万平方米，坡面覆土4.3万立方米，安装栏杆5.8千米，改建涵闸6处，新修越堤路4条，新修踏步14处。坡面绿化工程2013年3月开工，5月底完工，共计栽植行道树960棵，完成堤防坡面绿化面积8万平方米。

2. 汉江中心城区水力自控翻板闸坝工程

汉江中心城区水力自控翻板闸坝工程（内容见前）于2013年3月底开工，2014年5月底主体工程竣工。

3. 滨水生态公园一期景观工程

滨水生态公园一期景观工程主要是建设生态公园硬质架构工程项目，工程内容为：堤防、水岸整治、人工溪流、滩地园路、河道清淤疏浚及岛屿整治。

工程于2013年3月底开工，2014年5月底主体工程竣工，7月31日分部工程通过了联合验收。累计完成加固堤防3.6千米、新建河滩驳岸及水系岸线整治7.82千米，新建景观栈道3.1千米，沙滩浴场1处、景观平台5处，整治生态岛屿63座8.45万平方米，河道疏浚整治6平方千米，生态及防腐木栈道铺装3.08千米。

夕阳西下

4. 滨水生态公园一期景观（园建）

滨水生态公园一期景观（园建）工程主要建设内容包括天汉广场等三个节点广场和滨水区域绿化等。

该项工程于2015年12月正式开工建设，2016年12月通过验收，共完成天汉广场、翻板闸广场、龙岗广场建设，面积5.3万平方米。绿化种植工程范围全长约4080米，面积约14万平方米，种植了岛屿上的枫杨、柳树、金叶水杉，草坪中的樱花、香樟，水中的池杉、芒草、水生鸢尾、美人蕉、蒲苇等，形成以岛屿、水系和湿地植物为主要亮点的湿地景观。

5. 一江两岸湿地保护项目

一江两岸湿地保护项目主要内容包括：汉江南岸濂水河口至龙岗大桥上游的滩地建设、北岸栈道最后连接段建设和湿地植物修复和种植。

该项目于2016年7月正式开工建设，2017年6月完成竣工验收。工程建设范围51万平方米，新建龙岗桥南广场、石拱桥广场等5个休闲广场2.7万平方米，20个休闲平台1920平方米，1个游客中心870平方米，园路5650米，水上栈道1720米，陆地栈道760米，绿化面积约47万平方米。

6. 滨水生态公园二期工程

二期工程主要内容为：建设女神广场、高架栈道、风雨亭、照明监控和湿地植物绿化种植。

该项目于2017年2月正式开工建设，于2017年11月10日基本完成，建成了女神广场3.5万平方米、绿化种植工程约20万平方米，还有观景塔2座、景亭4座、溪流景观桥3座、风雨亭11座、电瓶车候车亭15座、售卖亭16座，汉水女神等景观雕塑及配套设施。

二、工程特色

水工程、水生态、水环境与水文化的有机整合，是天汉湿地公园最大的特色。

湿地公园在12千米的区域内，建成三座跨江大桥、两座闸坝，同时利用堤防建设，在主城区沿江段为市民们建成了环境优美、设施齐全的文化展示和文体活动空间，而在远离市中心的区域，则充分利用河道内原始生态地貌特征，减少人工干预，最大限度地保留了水域岸线自然原貌，为鸟类、鱼类提供相对安全环境，体现自然与水的和谐共生。

在工程建设中，处处融入汉中、汉江的文化元素；在人口密集的主要商圈周边，适当建设布局售卖、茶饮、儿童游乐等旅游服务经营点，弥补办公费用之不足，在一定程度也减少了运营成本和政府财政支出。体现了公益设施取之于民、用之于民的宗旨。

落日如金

三、工程效益

一江两岸工程属典型的"工程搭台，文化唱戏"，在提高城市防洪能力的同时，为市民提供一个优美舒适、宽敞的休闲锻炼场所，为游客提供了解汉中、亲近汉江的旅游平台，具有良好的生态效益、社会效益和经济效益。

（一）防洪效益

天汉湿地公园通过三桥两闸及堤防整治工程，使城区堤防的防洪能力提高到百年一遇，同时通过水量集蓄，极大地提高了汉江流域水资源的综合利用能力，标志着汉江最上游的治理与开发水平上了一个新台阶。

（二）生态环境效益

天汉湿地公园的建设，清淤河道12千米，修复生态湿地104万平方米，修整岛屿63座，为鱼类、鸟类提供了相对安全的生存空间。景区修建的闸坝，可增加水体持有量，强化沉淀净化作用。构建的生态护岸、生态岛屿、人工湿地和雨水花园，可重构植被生态系统，提高水体自净能力。景区内建设的大面积绿地系统，起到了涵养水源、保持水土、调节气候、净化空气的作用，极大地缓解了长期以来水土流失严重的局面，改善了水环境、水生态。

监测结果显示，近十年，汉江汉中段水质持续保持优良，出境水质达到Ⅱ类，保证了"一泓清水永续北上"，让群众切实感受到水清岸绿的汉江福祉。

（三）社会效益

天汉湿地公园恢复汉中人民记忆中的汉江美景，为广大市民提供了优美的休憩环境。园区内兴建的篮球场、足球场、健身设施等运动场所，为市民文体活动拓展了空间，为汉中市的全域旅游营造了亮点。湿地公园已成为游客的乐土、市民的家园、城市的窗口、文化的胜地，得到了社会各界普遍赞誉。

（四）经济效益

天汉湿地水利风景区虽属社会公益项目，但项目的实施通过土地的合理利用提升了周边土地价值，促进了汉中城市滨水空间的工商贸产业经济聚集和发展，进一步优化了汉中市产业结构；促进了科技文化和生产技能的提高，加快了汉中市城镇化建设的步伐；促进了全域旅游在中心城区的布点，带动了周边旅游业态繁荣发展，因此也产生了巨大的经济效益。

四、工程荣誉

汉江桥闸先后荣获"长安杯奖"和国家工程建设最高奖——"鲁班奖"，这也是汉中市第一个获得鲁班奖的建筑工程。2018年，天汉湿地公园获评省级水利风景区。

【文化解读】

汉江是我国著名的文化大河，汉中是我国著名的历史文化名城；在位于汉江源头地区汉中市兴建的天汉湿地公园，既继承传统，又开创出新，体现了从传统水利向现代水利的转变、从单一防洪工程向多元化项目建设的转变，体现出融入自然、海绵城市理念。

一、以防洪保安为根本，高质量建设

天汉湿地公园，首先是水利工程，其起始点是汉江桥闸建设，其落脚点在

保障防洪安全，其成败的关键在于能够抗御百年一遇的洪水。因此，工程安全是生态环境建设和文化建设的基础，从一开始就被汉中市放在压倒一切的位置。

在工程实施前，汉中地区对汉江河道的防洪治理，主要经历了三个阶段。

一是新中国成立之前的单纯防御阶段，此时汉中经济、技术条件有限，只能被动防御汉江洪水，以至于洪水时节江水泛滥之际，祸及百姓；而枯水时节水量不足，水贵如油。二是新中国成立后至改革开放初期的人水相争阶段。此时人们为发展生产，与水争地，通过大量裁弯取直、消除滩地、缩窄河道的手段，获得土地，但给汉江防洪留下严重的隐患。三是20世纪80年代至21世纪初的单一工程水利阶段，其特征是通过大量的工程措施提高了防洪能力，但忽略了水生态与水环境。在以上三个阶段，汉中市都存在有重进度、重投资而忽视质量的现象，也曾造成过一系列的问题。

进入21世纪后，中央高度重视水利工程，揭开了水利大发展大繁荣的序幕，汉中市也在中央和陕西省的正确领导下，以防洪保安为重点，开展一江两岸工程，并建成天汉湿地公园。

天汉湿地公园的水利建设，主要体现在汉江桥闸和翻板坝两个重点工程。此外还必须完成以下几项细节工作：①堤防的加高培厚；②河滩地的综合利用；③河道的疏浚清障；④河道控导建筑物的完善；⑤支流口的整治；⑥排污口的处理；⑦沿江防汛网络的建设。这些工作必须与天汉大桥和龙岗大桥建设同步进行，并尽快完成。可谓时间紧、任务重、投资多。但面对繁重的建设任务和捉襟见肘的财政状况，汉中市委市政府站在对历史、对人民负责的高度，以防洪保安为第一要务，高起点规划、高水平设计、高质量施工，最后高标准完成各项工程，为其后开展的生态环境建设和文化建设奠定了坚实的基础。

在工程管理方面，同样将防洪保安放在重要地位。①景区沿线景观及项目建设必须以防洪水岸线为依据而划定，景观工程范围绝不允许超越水岸线，以保证行洪畅通。②为了既保证行洪安全，又达到生态、景观效果，在林带以内至水岸线区域（河滩地）以湿地修复、自然草地景观为主，尽可能地保留原有植被和地貌，不在此区域内规划大型建筑设施。在河滩地进行以水生植物、草本及低矮花灌为主的植被恢复，不仅不会影响行洪，还能防风固土，构建稳固的河岸生态系统，营造两岸绿色屏障。③构建生态护岸，修复岛屿和沿岸构建湿地植物群落以不对汉江行洪产生重大影响为标准。

汉江女神

二、以生态环境为考量，人水和谐

在确保防洪安全的基础上，汉中市对天汉湿地公园的水生态与水环境建设提出了较高要求，使之体现了从传统水利向现代水利的转变，即实现了变单一工程水利为资源水利、生态水利、景观水利的历史性转变。

（一）丰富多彩的水文景观

景区突破传统治理模式，突破以水说水、就河论河的传统模式，变工程水利为资源水利、生态水利、景观水利，着意并着力于现代元素、人文元素、生态元素的全面呈现，大大提高了治理水平和城市的精神品质。

1. 河流景观

景区涉及汉江、濂水河、冷水河三条河流。其中呈 S 形穿城而过，滩地宽阔、局部高滩生长着自然植被，大部分时段流速较缓。冷水河水面较窄且水流集中，局部河段有较宽滩地。濂水河河段较窄，局部河段弯曲、狭窄，流速较快。针对三条河流的不同特点，有关方面在保障河道行洪安全、水环境综合整治的基础上，将水体、护岸、滨水区作为一个整体进行空间和功能上的设计，使景区的水文景观完整和独特。对景区内的部分河滩地梳理形成人工湿地，在河道重要水文景观节点构建亲水平台，为游人提供观景节点。

2. 工程小景观

景区内水资源丰富，水域面积充裕。天汉湿地公园在建设过程中合理建设了生态湿地、河堤、护岸、护坡、护脚等水利工程设施，同时加入景观设计元素，如在周边设置具有艺术气息的城市公共家具、地面艺术铺装、装饰照明、水利科普展牌、景观雕塑、文化小品等，将水利工程景观与周边人文、水文、生物景观相融合，在结构、造型、色彩、图案上充分体现工程美感，从而达到美化周边环境的作用，展现城区开阔大气的水面景观。

特别值得一提的是，在主城区靠近天汉大桥段设置75孔翻板闸将原本平缓的水流抬高3米左右，不仅在上游形成了诸多岛屿，更在其下游营造白浪滔天、水声轰鸣的跌水景观，于平淡处见神奇，于无声中听惊雷。而翻板坝下游兴建的彩虹桥，在成为最佳观景平台的同时，也便利游人过江往来，更起到了画龙点睛的作用。

（二）层次分明的植物景观

1. 营造"汉、水、绿"的景观外貌

充分利用汉江中心城区平川段平缓开阔的场地条件，建设汉江桥闸和翻板闸，形成633万平方米的水面，在近水滩面营造曲折自然的岸线，充分利用原有砂石弃料堆和自然土丘，营造自然地形，形成了岛屿、半岛、沙洲、池泽、溪流、池塘、滩涂、沙滩、砾石、草坡等丰富多变的自然地貌，种植乔灌花草等层次丰富、形态各异的植物，建成了200多万平方米的生态绿地，绿化覆盖率达到85%以上。

2. 营造"山明水秀、鸢飞鱼跃"的诗意画面

在工程建设规划设计阶段，建设者大量查阅汉中汉江历史文献、收集汉中老照片、听取各方意见，在《诗经》中寻找灵感，整理最能体现汉中风貌的历史画面进行场景设计。在施工过程中，充分尊重汉江原有的形态，应用工程手段实施生态岛屿的修复、建设原生态的湿地景观，建成了绿柳拂堤、河湖相通的湿地系统，建成了"月照天汉地、芦荻秋江阔"的网红景点，利用园路和植物引导视线，将梁山和江边民居融入江景……在植物造景方面，精心筛选100余种汉中适宜生长的植物，既有引入植物，又有原生本土植物，形成以岛屿、水系和湿地植物为主要亮点的湿地群落，构建了复合的生态链。实施生态修复后，

仿生自然群落基本成型，鸟类栖息地环境稳定，各种湿地动植物数量种类都有所增加，再现和升华了留存于汉中人记忆当中的"西北江南"印象。

3.营造"亲水、惜水、戏水"的和谐场景

按照柔性治水的理念，顺应行洪特性，减少人工雕砌，保持了水域岸线自然原貌，实现了人水和谐、浑然一体的治理效果。

（三）动物景观，干扰最低

公园禁止垂钓，为鱼类营造相对安全的生长空间。同时，利用闸坝抬升水面后汉江河心形成的诸多洲岛，一部分修建栈道，便于市民步行游览，感受自然；更多的岛屿则不设栈道，便于鸟类在其上休养生息，将人类的影响降到最低。

（四）人文景观规划

在人文景观规划时，充分考虑与这些遗址、文化相结合，从而在景区的主入口区域，布置城市会客厅这个功能核心分区，展现生态和休闲运动主题；在百汉码头，地面石雕和栏杆由百种不同字体"汉"字散落而成；在历史遗留的老河堤、永济渡、上水渡遗址，建设渡口码头；另外，通过浮雕、诗墙和典出汉中等历史人文景点的打造，建立完整的汉中当地人文景观。

三、以景观艺术为手段，独具匠心

景观和意境表现审美和感受，杜绝千篇一律，注重意境变化，人景交融。精巧设计、精细施工，将一草、一木、一石、一桥等工程景观艺术化。

景区有"江流天地外，山色有无中"的江面美景；水韵汉江的天际线景观；"一道残阳铺水中，半江瑟瑟半江红"的夕阳美景；流光溢彩的不夜汉江，还包含了天汉湿地公园、休闲沙滩等多处景点。景区涵盖了人文体验、历史展示、科普教育、运动休闲、

守望之门

旅游观光、餐饮购物和生活服务等丰富的旅游体验项目。是一个集观赏性、游憩性、参与性、科普性、文化性、经济性为一体的综合水利风景旅游区。

四、以汉中文化为灵魂，内涵丰富

湿地公园的建设者以宣传汉中历史、普及汉水文化为己任，在建设区域内围绕"汉水、汉中"主题，以雕塑、浮雕、石刻、小品、场景等形式展现文化内容。把汉中历史文化、水文化、地域民俗文化有机结合，通过艺术手段形象化地融入景观打造中，起到画龙点睛的作用。

（一）汉中及汉江流域历史文化方面

按照《诗经》中的描述，在江边用汉白玉塑造汉江流域第一座汉水女神雕塑；以"汉"字历代一百种书写字体为主题，建设"百汉长堤"20千米、"百汉大道"1处，宣传汉字文化；以两汉三国历史典故为主题；以浮雕的形式讲述发生在汉中的历史故事；以石雕石刻的方式，记录典出汉中的名人名言和成语，宣传脍炙人口的古诗词。

（二）水文化方面

建设汉水主题雕塑群，以"生命之源""守望之门""浮岛飞鱼"象征水是万物之源，汉江滋养天汉大地，万物兴盛。同时，临水而建各种功能设施，建设仿古船坞1处、"沧浪亭""听雨轩"等建筑4处、"帆影"风雨棚4处、各种造型的桥梁13座。

（三）汉水民俗方面

以汉江在汉中的13条支流命名观景平台；根据历史遗迹，在原址建设上水渡、永兴渡等仿古码头，设置渡口情景雕塑；根据现状场地，布置充满童趣的"垂钓""捞鱼""牧牛"等生活场景雕塑。音乐喷泉放映的水幕电影宣传了汉中的历史传说、美丽风光和"秦岭四宝"，传唱了汉中风土人情和民歌民调。

（四）水生态文明方面

汉江上游是我国南水北调水源地，保护生态、保护水质在建设过程中得到了很好的贯彻。建成后的湿地公园滨水区域山水交融、波光潋滟、蒹葭苍茫、水鸟翱翔，一派原生态的天然画面，一边是欣欣向荣的城市，一边是自然质朴的河流，印证了"绿水青山就是金山银山"的生态理念。植物组字5处、石刻

3处宣传了水生态文明，宣传了汉中为保护汉江做出的努力；科普宣传牌向市民群众介绍了汉江可以看到的水鸟、汉中珍稀野生动物和湿地植物，宣传了保护环境，与自然和谐共处。

【水文化建设】

天汉湿地公园是全省乃至全国滨水湿地规模大、景观基础条件好的城市生态景区，公园建设处处体现人文精神，使山、水、城融为一体，已成为一张展现汉中绿水青山的城市名片，成为游客的乐土、市民的家园、城市的窗口，也成为水文化的胜地。

音乐喷泉

一、硬件建设

在硬件建设方面，天汉湿地公园依托汉江现有的特色资源和基础设施，打造以人文、历史、生态、休闲为主题的水利风景区，初步形成一江两岸三段九区的整体格局。

一江：即汉中的母亲河汉江。

两岸：即在左岸依托汉中中心城区，建设城市健身休闲和旅游体验主题，南岸依托南郑区梁山和沿江城镇组团，建设湿地修复和芦苇群岛主题公园，形成两条沿岸绿色长廊。

三段：即以龙岗大桥、天汉大桥、汉江桥闸为轴，从上游到下游形成三个城市滨水景观段——水生态示范段、城市会客厅段、滨江文化休闲段。

九区：即在一江两岸三区的基础上，进一步将公园细分为九大功能区，分别为城市会客区、海绵城市雨水净化生态设施示范区、鸟类栖息保护区、生态护岸工程展示区、景观水利工程展示区、滨江漫步道区、生态湿地示范区、水上游乐游览区、综合服务区。

1. 城市会客区

是生态公园的主入口区域，同时是公园的功能核心，它设置的项目包括码头、服务中心、运动主题场所、露天草坪剧场、景观区（观演广场）。

2. 海绵城市雨水净化生态设施示范区

结合"生态海绵城市"的理念，以"雨水链"的城市雨水管理方法，实现对雨水的渗透、滞留、过滤、净化及其再利用，过滤后的雨水在灌溉植被后，经湿地群落排到汉江，而作为中间环节的雨水花园可作为市民普及生态观念的第二课堂。

3. 鸟类栖息保护区

对原始岛屿与河滩进行梳理设计，组成人工—自然复合湿地，部分岛屿有栈桥可达，便于市民观鸟、赏鸟，更多的岛屿保持原生态，将人类活动影响降到最低，吸引鸟类在此生活繁衍。

4. 生态护岸展示区

对于多种护岸类型进行展示，在植物种类的选择上打破以往单一化，采用多层次全方位的护岸覆盖，强化季相变化，保证将护岸融入自然景观中，确保做到春有山花香满坡，夏有绿荫遮艳阳，秋有碧水应江风，冬有飞雪满江面。

5. 景观水利工程展示区

以龙岗大桥、翻板闸、天汉大桥、汉江桥闸四个重要水利工程为展示区，突出汉江水利的重要性。

6. 滨江漫步道区

让地方文化在该区域体现得淋漓尽致，无论是龙岗流韵、渔歌晚唱还是诗画大道都附带着汉中独特的文化情怀，从名人雕像到文化铺装都蕴含着深厚的历史气息，声声地诉说着汉江两岸发展的过往，让游人不但能抒怀思绪，又能将汉江飘零的情感收入心中，感受它的烂漫。

7. 生态湿地示范区

是天汉湿地公园最丰富的景观区域，包括景观溪流不同段，老堤坝的改造、石滩、疏林芒草带、林中栈道等。

8. 水上游乐观览区

包括水上游船和"尤曼吉"水上大世界，可以在摩天轮上将一江两岸美景尽收眼底，也可以泛舟江上，饱览汉江风情。

9. 综合服务区

包括房车营地区、商业区及休闲餐饮区，为市民提供临江的餐饮住宿服务，依托江水，提高了服务设施的景观品质。

二、软件建设

（一）管理与服务

2008年，汉中市一江两岸开发管理委员会及其设办公室成立组建后，对天汉湿地公园进行专项管理与服务。在市委市政府和水利主管部门领导下，按照汉江水环境综合治理和河长制"示范河湖"长效管理机制，持续对水环境监控、绿地管理和水面保洁等工作高质量维护，使湿地充分发挥了作为城市发展、市民生活和生态保护融合区域的功能。

在天汉湿地公园内，主要入口、功能建筑和码头均设置广场开阔空间；适应绿色出行理念，全园范围禁止车辆驶入，建立了步行景区；在运动场地方面，结合城市建设，设置了篮球场、网球场、小型足球场、游泳池等，为市民提供体育活动空间；充分利用场地条件进行建设，为整个滨江滨水带提供特色休闲空间配套服务。

高质量的管理与服务，提高了天汉湿地公园的品位。河堤之外，城市建设区域因水增色，因绿升级，带动城市经济和市民群众的幸福感和获得感大幅攀升，为汉中中心城区带来了品质生活；河堤之内，绿水安澜，汉江城区段生态环境持续优化，原生水生动物种群逐步增长，珍稀动植物生长栖息地环境稳定，鸬鹚、红嘴鸥、斑头雁等候鸟数量逐年增加。

（二）科普与宣传

利用现有场所，进行文化科普，有助于提高公众的文化认识和参与意识，助推他们的生态环保意识和保护热情，开展丰富多彩的科普活动，成为湿地公园文化建设的重要工作。

根据水利风景区的文化特点，天汉湿地公园的科普共分四大主题：汉江水文化科普、民俗文化科普、汉文化科普以及湿地植物文化科普。

1. 汉江水文化科普

（1）汉江水历史文化科普——通过对挖掘河流本身及本地区的相关历史事件、历史人物、民俗风情等加以整理，融入景观建设中，使历史文脉得到传承和延续。主要为游客科普汉江人文历史活动，通过在天汉湿地公园沿岸竖立科普牌介绍汉江文化意义以及保护水资源、水生态的重要性。

上水古渡

（2）天汉湿地公园水利工程文化科普——"防洪知识"主要为游客介绍汉江洪水历史，普及防洪的重要性及景区内的防洪工程，以此提高游客对防洪安全的重视程度。通过向广大群展示水利工程，引导社会建立人水和谐的生产、生活方式，传承水利文化历史遗存、人文胜迹，建设富含水利文化内活的水利精品工程，是新时代水利建设的重要内容。

（3）天汉湿地公园生态文化科普——水生态文明是指人类遵循人水和谐理念，以实现水资源可持续利用，支撑经济社会和谐发展，保障生态系统良性循环为主体的人水和谐文化伦理形态，是生态文明的重要部分和基础内容。

通过科普专栏和形式多样的户外展示活动，把生态文明理念融入水资源开发、利用、治理、配置、节约、保护的各方面，体现在水利规划、建设、管理的各环节，加快推进水生态文明建设。

2. 汉文化科普

汉水是中华民族文化发祥地之一。江淮河汉为四渎，是开创上古文明的重要区域，而汉水则是汉文化的直接发祥地；"大汉民族"，汉文化、汉学、汉语，这些名称都是因有了汉朝才定型和逐渐使用起来的，而汉朝最早发祥于汉中。

汉中是一块古老而神奇的土地。这块史称"天汉"的古老土地数度辉煌，为华夏文明乃至世界文明做出了贡献。秦末楚汉相争，被封为汉王的刘邦以汉中为发祥地，举雄才、出奇兵，建帝业，其王朝以"汉"冠名，继而有了汉人、汉民族、汉语、汉文化之称谓。三国时期，汉中这块是"栈阁北来连陇蜀，汉川东去控荆吴"的战略要地。被称为中华民族智慧化身的诸葛亮在汉中屯兵八年，六出祁山，北伐曹魏，死后葬于汉中定军山下。同时，这里还养育了"丝绸之路"开拓者张骞，长眠着四大发明之一造纸术发明者蔡伦。历史上很多的杰出人物都在汉中留下了足迹。

当我们纵身投入汉文化的氛围中时，随时随地都能感受到"包括宇宙，总览人物"的宏大气魄。天汉湿地公园通过历史人物雕塑、科普展示牌介绍以及开展科普活动，具有较强的互动性、参与性、趣味性、知识性，从视觉、听觉等多角度来打动和感染科普对象。青少年学生和城镇家庭居民在这里通过寓教于乐的方式，学到了更多的汉文化知识。

3. 湿地植物文化科普

（1）普及植物相关知识。湿地公园里的植物通常都会配有植物铭牌，注明植物的中文名、拉丁学名、科属、原产地、生态习性及用途等，便于游人结合实物了解相关植物知识；在植物旁边，建有科普宣传板，简要介绍了植物的习性和特点。

（2）向公众普及湿地植物文化与风景园林知识。湿地是地球之肾，湿地植物发挥了独特的生态功能，湿地植物大量应用在场地现场，这些在天汉湿地公园里的造景中通过营造意境、阐述主题等方式都有所体现，天汉湿地公园的植物造景也得到了国内同行的认可和赞誉。管委会办公室还联合林业、环保、城管部门开展形式多样、生动活泼的科普教育，向人们宣传保护植物就是保护人类自己的思想，普及中央"人与自然和谐共生"理念，增强人们的资源环境意识和热爱自然、保护自然的自觉性。

（三）文化与体育

天汉湿地公园高度重视文化体育活动。

如利用天汉大桥引桥空间，兴建包括小型足球场、篮球场、排球场及溜冰场的体育场馆，为广大市民从事体育活动提供条件。

一江两岸管委会办公室还准备试验性地投放多艘中小型游览、娱乐船，推进"夜游汉江"项目，长年开展小型的地方民俗文艺表演，尤其是在五一、端午、中秋、国庆、春节等节日期间开展较大规模的龙舟比赛、汉水汉茶评比、冬泳等活动。最终以"欢乐汉江、四季汉江"为主题，开展"春品清明茶，夏观民俗节，秋尝百果鲜，冬练汉江边"的有季节特色的各种商业、文化、体育、旅游活动。

百艇争流

【延伸阅读】

● 汉江与汉中

汉江是长江最长的支流，汉江发源于汉中市宁强县大安镇嶓冢山，在汉中境内流长 270 千米，流域面积占汉中市的 95% 以上，是汉中最大的河流，汉中人民的母亲河。汉中下属 11 个区县中，宁强、勉县、汉台、南郑、城固、洋县紧邻汉江干流，留坝、西乡、镇巴、佛坪位于汉江主要支流，仅有略阳位于嘉陵江边。汉江不仅是汉中市及其区县重要的政治、经济、文化中心，也是汉中人民对外交流的重要孔道。在汉中的社会经济发展和历史演进中，发挥着重要的作用。因此，汉中与汉江结下了不解之缘。

● 汉中与汉文化

汉中不仅是汉江的源头，也是汉文化的源头。公元前 206 年，刘邦被封于汉中，称汉王。公元前 202 年，刘邦消灭项羽，建立了强大的西汉王朝。汉武帝时期，西汉文治武功空前强盛，在军事方面打败匈奴，控制西域；在学术方面罢黜百家，独尊儒术；在文字方面与欧洲的罗马、西亚的安息广泛交流。汉朝历时长达 400 年，对中国乃至世界历史造成了广泛影响。因而不仅赢得外人尊重，也为本族人广泛认同。久而久之，外国人也以汉称呼国人，国人以汉人自称；此后有了汉文化、汉族、汉语、汉字，进而衍生出汉礼、汉服、汉子等称谓。

值得一提的是，汉朝也是汉中文化最为突出的时期，叱咤风云的刘邦、萧何、韩信、张良，出使西域的张骞，发明造纸术的蔡伦，都是汉朝生活汉中的名人。

● 汉江的开发梯级

汉江桥闸是汉江 15 级开发的第一级，除桥闸外，汉江的另外 14 个梯级，从上游到下游分别为陕西境内黄金峡、石泉、喜河、安康、旬河、蜀河，陕西与湖北交界处的夹河，以及湖北境内的孤山、丹江口、王甫洲、新集、崔家营、雅口、碾盘山、兴隆。其中丹江口工程位于汉江上中游结合部，是汉江流域开发的第一个工程，南水北调中线的水源，也是汉江治理开发的关键工程。

（本文照片均由汉中市一江两岸管委会办公室提供）

东湖港休闲绿廊

9 生态海绵东湖港

【概述】

　　武汉东湖港是大东湖生态水网引江济湖的引水通道，也是连通长江与东湖的重要生态廊道。东湖港综合整治工程，通过海绵城市建设，在城市高密度聚集区内建成了复合功能型河道的目标，利用了诸多创新技术，取得良好的生态示范效益和经济效益，被誉为国家海绵城市建设试点创新典范项目的示范工程。

【兴修缘由】

一、大东湖治理的需要

东湖港位于武汉市长江南岸，北起青山区青山港落步咀闸，南入东湖，是武汉大东湖生态水网引江济湖的引水通道，也是联系长江和东湖的生态廊道。

东湖港属东沙湖水系，汇水面积为177.8平方千米，除局部地段渠岸略高于自然地面外，大多数地区与周围地面齐平，属于江水泛滥的近代河。东湖原与长江水体相通。1902年，为防御长江洪水，湖广总督张之洞下令修建武青堤，将青山地区大片土地涸出水面。长江与东湖水体基本失去联系，东湖港成为东湖的引水通道之一，经青山港进水闸从长江引水入东湖。

因前期青山港进水闸工程尚未建成，失去长江水补给的武汉东湖水质变差，东湖港因棚户建设，受影响更大。但在新中国成立前，水质尚可。此后，随着武汉钢铁的建设和生产规模的不断加大，周边的住户增加。东湖港水体不断淤积，过流能力严重不足；加之汇水区域内雨水、污水管网配套不完善，沿岸百姓居民乱扔垃圾、排放污水等，水体污染严重，到20世纪80年代，成为远近闻名的臭水沟。

彻底整治东湖港，让渠中的水活起来，让渠边的环境美起来，让周边百姓生活方便起来，成为广大百姓的心愿。

二、武汉城市发展的需要

武汉以长江、汉江为界，分为武昌、汉口与汉阳"三镇"；而在武昌主城区范围内，又分为武昌、洪山、青山三个区。武昌区为政治、经济与文化中心，洪山区为高校密集的文化区，青山区则是重点企业较多的工业区。

长期以来，由于种种原因，东湖港地区经济发展停滞，直到2010年以前，仍然是水塘面积占70%以上，以芦苇塘、藕塘、鱼塘为主体的地域破碎的荒滩野湖。景观极差，生态功能欠缺，跨渠道路和人行设施极少，交通闭塞，为典型的城中村。

20世纪90年代以后，伴随着武汉城市发展，尤其是武汉高铁站确定选址在与东湖港毗邻的杨春湖，并决定兴建杨春湖城市副中心后。治理东湖港，改善城市副中心生态环境，尤其是避免渍水淹及武汉站广场，给进出车站的旅客带来不便，就成为武汉城市发展的重要课题。

三、海绵城市建设的需要

进入21世纪以来，海绵城市的理念日渐深入人心，它倡导加强城市规划和建设管理，充分发挥建筑、道路、绿地、水系等生态系统对雨水的吸纳、蓄渗和缓释作用，从而有效控制雨水，实现自然积存、自然渗透和自然净化，非常适合东湖港地区的市政与水系条件，因此在东湖港地区开展海绵城市建设试点，很快得到各方认同。

【兴修历程】

早在21世纪初，因武汉高铁站的建设，湖北省和武汉市就开始考虑对东湖港进行综合治理。并在2007年制定的杨春湖副中心的发展规划中明确提出"一廊三园三带"的计划，其中，一廊即"依托东湖港、沙湖港，设置功能绿地，合理控制其建设比例和建设强度，形成'两港'生态走廊"；三园指"保护东湖、杨春湖岸线，保持湖面面积不减少，利用垃圾填埋场以西低洼地带建设迎鹤湖，加强北洋桥公园、杨春湖公园和迎鹤湖公园3个水生态公园的建设，形成城市绿肺"；三带即"利用连通水系和三环线防护林带，建设杨春湖—迎鹤湖—东湖水系生态带，杨春湖—武汉站西广场—东湖水系生态带，沿三环线陆上生态带"。东湖港治理在一廊三园三带中均占有重要地位。

2009年，武汉市编制了包括整治东湖港在内的大东湖生态水系方案，并获国家发改委批准。2011年，武汉市提出大东湖生态水网连通工程，获水利部批准。

2013—2014年，习近平总书记在两次中央会议上提到"海绵城市"建设，并指出：建设海绵城市，对于缓解各地新型城镇化建设中遇到的内涝问题，削减城市径流污染负荷、节约水资源、保护和改善城市生态环境具有重要意义。总书记的指示，为随后蓬勃开展的海绵城市建设提供了根本遵循。

2015年底，武汉决定在青山和四新地区开展海绵城市建设试点。2016年，武汉被确定为国家开展海绵城市建设的16个首批试点城市之一，东湖港治理也由省级试点升格为国家试点。

2016年8月，东湖港治理工程正式开工。2017年4月完成渠道通水验收，并于当年汛期应急排水。2017年9月正式建成通水。

【工程简介】

一、工程概述

东湖港工程主要建设内容包括：港渠整治、新（改）建水工建筑物、城市给排水管网、雨水控制系统、道路桥梁、园林景观、照明亮化、市政便民服务设施等8个部分，分属河道整治、市政管道、海绵、景观，以及绿道与桥梁五大工程。

（一）河道整治工程

工程设计防洪标准为50年一遇，雨水设计重现期为3年。项目建设对港渠全线4700米河岸进行综合整治，通过主要通过扩挖河道、清淤疏浚，使东湖港的宽度由原来10多米拓至30多米。同时，在连接沙湖与东湖的沙湖港新建两座引水闸，在连接杨春湖与东湖港的东杨港上拆除重建长山咀闸。

（二）市政管道工程

在疏浚河道的同时，沿东湖港实施10条市政雨水管道和1条污水管道，并在雨水管道出口设计了9座生态排口，对初期雨水进行净化后排入河道，保证入河水质。同时，对早先存在于沿线周边的污水管道，全部进行了迁改和封堵，防止污水进入港渠造成东湖的污染。

（三）海绵城市建设工程

港渠海绵城市建设工程采用多维度方式构建，具体方式如下：

一是在外围布置有采用透水材质铺装的自行车道和陶瓷透水砖铺装的人行步道等绿道设施，既可以保证区域外汇流通过绿道、步道有效下渗，也可以缓解汇流速度、降低面源污染。

二是沿绿道、园路一侧布置渗透型植草沟或转输型植草沟，渗透性植草沟 3710 米，传输型植草沟 1913 米；在附属建筑附近及广场花坛内布置 14 处，共计 5330 平方米的下凹绿地；在场地开阔地势布置 6 处，共计 2540 平方米的雨水花园。控制雨水带来的面源污染。

三是沿渠道两侧的植被缓冲带，包括上层乔木、中层乔灌搭配、下层灌木地被，既可营造植物绿林，也可经植被拦截及土壤下渗作用减缓地表径流速度，并去除径流中的部分污染物，起到"滞、渗、净"的作用。

四是沿两侧渠底布置生态挡土墙（格宾挡墙、阶梯式生态挡墙），东湖港是串联大东湖生态水网的生物廊道系统，结合渠道线型布置生态挡土墙，挡墙内结构填充料之间的缝隙可保持土体与水体之间的自然交换功能，同时也利于植物的生长，实现水土保持和自然生态环境的统一。

根据设计，工程的海绵指标为：年径流总量控制率为 85%，污染物削减（以 TSS 计）为 70%，水质目标为 3 类，绿化率为 75%。

清波掩映

（四）景观工程

沿渠建设生态景观廊道，布置亲水台 8 处，构建节点广场 6 处，景观绿化面积 21 公顷。将 4700 米的东湖港打造成四大主体景观带——以青山辉煌工业时代为主的鎏金承业段、以城市商业高楼状态为主的乐活轻享段、以北洋古桥为核心文化的古韵雅集段、以呈现大美东湖风貌的屏翠悠然段。

（五）道路与桥梁工程

为解决跨渠道路及人行设施较少问题，沿线共建设绿道 3.4 千米，园内道路 6.2 千米，布设 7 座景观桥。

古韵廊桥

二、工程特色

东湖港长 4.7 千米，流域面积 100 余平方千米，不仅长度、流域面积及水量，创下水利部开展水工程与水文化有机融合典型案例评选以来的最低纪录。不过，它规模虽小，五脏俱全，而且工程特色却极其突出，主要表现在以下四点。

（一）空间有限

东湖港位于武汉城区，人口密度大，两岸密集分布着居住、商业、行政地块。留给工程建设的用地十分有限。工程沿河长度 4.7 千米，但施工场地最窄处仅 100 米，最宽也不过 140 米。要在极其有限的空间内实现水系连通、城市排水、生物廊道、城市景观廊道、城市慢行交通、旅游航运、海绵建设等综合功能布置，实现地块效益最大化是本工程的重点、难点，也是其最主要的特点。

（二）地块破碎

东湖港流经区域密集分布着商业、居住、公园地块，如欢乐谷、华侨城、杨春湖城市副中心等，生态环境严重破碎化。在这里进行生态修复、营造合适的生物环境、实现廊道生态化、有效连通城市生态斑块和生态圈，难度极大。

（三）组合设计

因被城市功能空间限制，东湖港工程被交通市政路网分割为24个大小不一、相对独立的封闭空间，且沿线共分布有10个入河雨水排口，处置方式难以统一。必须组合运用多种海绵措施，化解设计与建设的困难。

（四）地质复杂

东湖港不仅施工场地狭小，而且地质条件较为复杂，且施工期内不得影响城市排涝，也是项目设计的难点之一。

三、工程效益

对东湖港进行综合治理，可提高区域范围内防涝排水、加强生态斑块间生物连通、提升城市滨水景观、拓展航运旅游、完善城市海绵建设措施等多种功能，对加快推进武汉市水生态文明建设有着重大意义。

（一）排水效益

东湖港治理工程首要功能在排水防涝。

治理前，东湖港平均宽度10米，几乎没有排水功能。工程通过清淤疏浚，使渠道平均宽度超过30米，深度也有所增加。通过清淤疏浚与水系连通，东湖港的排涝能力大大提高。据统计，治理前的东湖港区域几乎逢大雨必淹，2015年武汉市开展海绵城市试点时，设计排涝标准为20年一遇；2016年经过综合整治后，其设计排涝标准更提高到50年一遇。工程建设当年在重大暴雨时应急启用，建成后多次参与区域排涝，效果显著。

（二）治污效益

东湖港治理的另一个重大效益，是减轻水体污染。

项目在建设之初就封堵了河道沿线杂乱无章的排污管道和排污口，优化设计雨污分流设施，从源头上约束沿岸企业、民众排污行为。同时，通过水系连通工程，定期将东湖港的水引入沙湖港排入长江，使东湖港死水变活，自净能力大大加强。还使未来引进长江水对湖泊、渠道冲污成为可能。

经过工程治理，东湖港设计范围内污染物削减率达70%以上。

（三）生态环境效益

东湖港工程在沿线布置了宽 100~140 米的生物廊道，重建区域动植物生长、栖息、繁殖场所，恢复生物多样性，同时在渠两边阶梯式生态挡墙种植水生植物，还给水中的鱼、虾等生物预留了生存空间。

此外，工程建设的湿地及雨水花园等，每年即可去除 2000 千克以上的固体悬浮颗粒，吸收 600 千克以上的氮和 100 千克以上的磷，具有很好的生态效益。

（四）社会效益

东湖港的治理，增加了河道水系的流动性，优化了滨水空间的可达性，梳理了两岸区域的通达性，有效改变了周边地区脏乱差现象，使往日令人听之色变、闻之作呕的臭水沟变成了资源节约、环境友好的生态公园，为市民提供了难得的文体活动场地，社会效益显著。

（五）经济效益

东湖港工程位于杨春湖城市副中心，靠近武汉高铁站；对于改善当地人居和投资环境，促进区域经济健康可持续发展有着积极的意义。

四、工程荣誉

2016 年 12 月，在第六届 C40 全球市长峰会上，武汉海绵城市项目入选 2016 全球 100 个应对气候变化案例，成为"全球榜样"。2018 年，工程获得"首届国家海绵城市建设试点创新典范项目中国特色海绵样板认证书"。2019 年荣获度全国优秀水利水电工程勘测设计奖银奖。

中国特色海绵样板认证书

【文化解读】

东湖港渠道沿线景观总体结合地域文化特色分区布局，与青山工业文化、杨春湖新城文化、北洋桥文化及东湖风景文化相会相融，形成翠屏悠然段、乐活轻享段、古韵雅集段、鎏金承业段四个重要区段，展现出独属于武汉，尤其是青山地区的文化特质。

一、风光独好：从自然东湖到人文东湖

工程翠屏悠然段位于东湖港最南端，连接碧波万顷东湖，是100余千米长东湖绿道的延伸部分。漫步其间能俯瞰河中清水流觞，中望东湖群鸥归巢，远眺湖面浮光跃金，赏余霞洒落旖旎，风光独好。

东湖为中国第二大城中湖，水域面积达33平方千米，跨越时光蹁跹，遗留下不少民间故事。如湖东面的清河桥，相传为楚庄王时神射手养由基射死叛军首领斗越椒之处；湖南面的珞珈山"落驾山"，是楚王到东湖落驾之地；湖西面的行吟阁曾在东湖之畔留住了屈原的脚步；西南面的放鹰台相传是李白在湖边放鹰之所。而新中国首任三军总司令朱德，则在东湖磨山上留下了"东湖暂让西湖好，今后将比西湖强"的墨迹。

从历史角度来看，东湖经历了从自然景观湖泊到厚植人文气息的风景区的转变，武汉城市的发展使东湖及其周边形成了一系列物质文化景观与精神文化要素，也成就了东湖的水文化体系。

据考古研究发现，早在3500多年前，现今盘龙城一带已兴起了城市雏形。三国时期，这里留下了孙权黄鹤楼、刘备郊天台、关羽卓刀泉、曹操庙等三国军事文化遗址。魏晋南北朝时期，频繁的军事活动在东湖留下历史痕迹，元明清时期，武汉保持着行政大区政治中心的地位，东湖也得以纳入国家行政管理，进行了一定规模的开发，许多地方官绅开始在东湖周围筑起大大小小的仿式"江南园林"，曲径通幽处，水木湛清华，成为文人雅士隐逸遁世的佳地。

随着近代张之洞推动武汉地区文教发展，国立武汉大学搬迁至东湖之滨的珞珈山一带，并逐渐落成湖滨教育群落，琅琅书声，莘莘学子，钟灵毓秀，鸾

翔凤集，为东湖风景区平添书香雅致的文化元素。新中国成立以来，东湖历经三次大规模规划建设，如今已形成由听涛区、磨山区、落雁区、吹笛区、白马区和珞洪区6个片区组成的东湖生态旅游风景区，湖岸曲折，港汊交错，碧波万顷，青山环绕，岛渚星罗，一山一水，一草一木无不染着楚风汉韵的文化特色。

东湖远眺

二、百年沧桑：北洋古桥的前世今生

位于工程古韵雅集段的北洋桥，是武汉市内现存最早的桥梁，在规划设计时最大限度保持了原汁原味的古朴气质，再现了"小桥流水人家"的雅致意境。

据《洪山文史》称，北洋桥始建于唐代，此后屡毁屡建。现在桥梁建于明弘治甲子年（1504年），是一座无墩单孔弧拱券形的石桥。桥长50米，宽7~11米，拱桥跨度14米，整体呈两头宽、中间窄的形态，顶部离水面一般为6米，水深一般为5~6米，可行篷船。宽阔的河面上，北洋桥如长虹饮涧，富有强烈的层次感和韵律感。历经百年斗转星移，与桥下脉脉流水共同见证武汉这座城的兴衰荣辱，讲述着一代代人留下的佳话故事。

北洋桥曾为淮扬荆襄沔黄蕲诸路客商往来必经之地。传闻明朝初年，一周姓官员路经渡口，见200多人等一艘小舟，便说服其好友陈廷英捐1000多两白银和400担大米，在此修建了一座石桥。因渡口名叫白洋渡，石桥便取名为白洋桥，后讹传为北洋桥。

北洋桥附近自古此地就流传着乾隆下江南游经此地的传说故事，东湖港左岸原名"老岸"，传说乾隆游船行经此地，在此下船登岸游憩。其间，乾隆看上周边村子的一位美丽女子，女子得到宠幸被封为妃子，老岸附近村子因出了妃子而欣喜，在此建桥修铺，广开商路，由此北洋桥因势利导，因水而兴商贾买卖之势。

抗日战争时期，入侵中国大地的日本兵企图开坦克从北洋桥上通过，上百村民拿着锄头、镰刀、棍棒无畏地冲上桥头与日本兵对峙，打死两名日本兵。随后遭到日本兵的疯狂报复，一名村民不幸被枪杀，其余青壮年男女全部四散外逃，"北洋桥"却得以保存。"文革"期间破"四旧"，桥上石碑的碑檐被砸烂，村民王树声和另外几位村民用"牛车"将最大的一块石碑运到一地沟边，伪装成"跳板"使用，勉强使得石碑逃过灭顶之灾。

1988年，北洋桥被列为市级保护文物，村民们与文物部门一道在桥两边修起"防护墩"，供游人观赏其独特的文化魅力。2004年，洪山区和平乡北洋桥村召开村民代表大会，一致同意将北洋桥的保护问题写进该村《村民自治章程》，并派专人保护古桥。2012年，武汉市桥梁维修管理处组织人员对北洋桥两端设置了限高架，通行车辆限高1.8米，限载2吨，彻底限制了中小型货车通行，减低桥梁通行压力，加强了对北洋桥的保护力度。

三、钢铁炼成：武汉钢铁集团蓬勃发展

工程的鎏金承业段，位于港渠青山段的老工业区，也是东湖岗作为曾经武钢备用水源的重要通道，见证了青山工业文化的潮起潮落。"新"东湖港将工业元素熔铸在景观设计理念之中，保留了武汉钢铁城市的地域特色和文化风貌。

武汉是近现代工业的发祥地，是全国重要的工业基地，工业实力雄厚。1890年，时任湖广总督的张之洞在武汉承办汉阳铁厂，是中国近代最早的官办钢铁企业，也是晚清最重要的钢铁冶炼中心。汉阳铁厂记录了辉煌的近代中国钢铁工业的历史，见证了中华民族自强不息、艰苦奋斗的时代钢铁精神，同时也为武汉成为全国工业重镇打下了坚实基础。

20世纪50年代，武钢作为新中国成立后兴建的第一个特大型钢铁联合企业，吸引了无数来自全国各地的建设者和生产者。1958年9月13日，带着火的洗礼，

一号高炉出铁,这标志着武钢建成投产。从这天起,数以万计的工人满怀激情,在武钢创造了一个个辉煌。武钢光辉岁月的缩影,承载着武钢人的光荣和梦想,也深刻反映了武钢人建设武钢、发展武钢、壮大武钢的"艰苦奋斗、团结协作、从严求实、改革创新"的武钢人精神。

激越铿锵的钢铁精神涌动在武汉城市发展的血脉之中,凝聚人心、凝聚智慧、凝聚力量,在时代发展大潮的涤荡中不断革故鼎新,沉淀出不朽价值。

四、新城崛起:杨春湖沧桑巨变

与武汉钢铁公司相邻,同样位于工程的流金承业段的杨春湖,在十年前还是地块支离破碎,藕塘面积占70%以上,其余部分为芦苇塘和鱼塘的荒滩野湖。经过治理后,已建成了武汉高铁站、天兴洲长江大桥、阳逻大桥以及武汉地铁4号、5号线,成为高楼林立、高新企业扎堆的武汉市规划的三大副中心之一的杨春湖高铁商务区。

时轮广场

高铁不仅改变了人民的生活,也改变了这里的水体。东湖港、沙湖港、杨春湖这些往日污染严重的湖泊,经过综合治理后,已经旧貌换新颜,构成了新城"一廊(东湖港、沙湖港的生态走廊)三园(北洋桥、杨春湖和迎鹤湖3座水生态公园)三带(杨春湖—迎鹤湖—东湖水系生态带、杨春湖—武汉站西广场—东湖水系生态带）"的主体，见证着从工程水利向生态水利、民生水利的时代巨变。

五、海绵城市：水生态文明的新途径

东湖港治理，是武汉市贯彻落实习近平总书记"海绵城市"的典范工程。其海绵城市的理念为：以修复城市水生态环境为前提，综合采用"渗、滞、蓄、净、用、排"等工程技术措施，将城市建设成为具有"自然积存、自然渗透、自然净化"功能的"海绵体"。主要采用引水连通工程、雨水控制工程、景观改造升级工程来布置和建设相关海绵措施。

（一）水收集

渗：利用透水铺装、渗透管沟对降落在道路、广场等其他硬化地面的雨水进行下渗，降落在绿地内的雨水则通过土壤进行下渗。

滞：在竖向设计方面，结合南北两端原有渣土山，形成两端高、中间低的整体地形，东湖港局部形成内湖湿地，变直排为缓排，生态草沟及植被缓冲带滞留部分雨水，减缓地表径流流速。

蓄：利用景观水体、雨水池及雨水花园来调蓄、储存雨水，调蓄水量预计为5.18万立方米，可以满足50年一遇降雨（24小时303米雨量）不外排，雨水进行初期弃流后，经过地形或人工引导进入雨水花园、生态湿地等。

（二）水净化

净：对于引入水系及地表径流，利用生态格栅、生物膜接触氧化技术、水下森林等水体生态净化措施。对于雨水，利用生态拦截沟、雨水花园、生态湿塘、湿地等进行水质净化。对于建筑屋面降水，雨水在雨水口可设置截污挂篮、旋流沉砂等设施截留污染物。利用生态植被调蓄渗漏吸收雨水，同时也利用植被使下渗的雨水与蒸发的水量达到平衡，这一水循环的过程是对水资源的天然过滤与净化，由此来恢复和改善城市滨水区域的水文特征。用绿植来治水，用自然的力量来改善生态，减少人工干预，同时也有利于降低成本。

（三）水利用

用：引入水系及地表径流经过生态净化后用于改善水体质量及内部水体生态环境维持。经过处理的雨水一部分直接下渗补充地下水源进行间接利用，另一部分则储蓄在景观水体及雨水池等设施中，用于场地内部的景观用水，包括绿化灌溉、景观水体的补充、建筑冲洗及道路冲洗等。通过物联网，获取大量数据并进行实时监测，建立水循环模型，利用现代智慧城市技术，实现水资源管理规划、开发、分发以及有限的水资源的优化利用。

翠屏依然

【水文化建设】

江城武汉地处江汉平原东部，一线贯通、两江交汇、三镇雄峙，滨水而生，受水滋养，因水而盛。随着近年来"生态文明建设的不断推进，工程建设方——湖北省水利勘测规划设计院（以下简称"湖北水院"）树立和践行"绿水青山就是金山银山"理念，将东湖港工程打乱成治水、建城、为民的有机结合案例，也是推动水工程与水文化有机融合的典型示范案例。

一、硬件建设

（一）水工建设

工程建设，兴建三座水闸，分别为沙湖港1号闸、2号闸和东杨港长山咀闸。这些跨越河道的建筑物分别采用了顶升式闸门与下卧式钢坝闸的设计方案，该方案有别于传统提升式闸门，取得了良好的景观效果，满足了城区河道的景观需求。

（二）绿道建设

东湖港工程以水统筹各种生态要素，打造集畅通的排涝通道、安全的亲水河道、健康的生态廊道、秀美的休闲绿道、独特的文化驿道"五道合一"的高标准绿道。这些碧道既是大东湖近百里绿道的重要组成部分，又串联起沿线武丰闸湿地公园、青山公园、戴家湖公园、矶头山公园、青山江滩公园等公园景区，近年来，随着杨春湖公园和北洋桥中央生态公园的加入，东湖港片区绿道建设进一步向前延伸。

（三）桥梁建设

在东湖港上新建、改建人行桥7座，分别以乐、欣、安、兴、韵等取名。各桥梁建筑风格独特、构思精巧，形成"一桥一景"，满足了居民对美好生活的无限向往。

"民乐桥"以远山近岭为元素，通过不同深浅色彩的石材拼贴，形成灰白剪影，在河水的映衬下打造协调的山水意境，展示出自然、乐观的生态风貌。

碧影双桥

"民欣桥"以东方红卫星、高铁、一带一路为文化元素，描绘与桥梁立面之上，代表着国家高速发展带来的一派欣欣向荣的景象。

"民安桥"取坐落于长江两岸的龟山电视塔、黄鹤楼及长江大桥为背景，描述龟蛇锁大江的壮阔场景，极具武汉风貌特色，隐喻这座城市的人们休养生息、安居乐业的繁荣景象。

"民兴桥"取武汉大学牌楼剪影为基础元素，以教育兴国、人才强国为根本，描述武汉的高校实力。

"民韵桥"与北洋古桥相隔仅400米，桥梁采用与北洋桥类似的拱桥形式，桥身以上新建廊桥，整体风格与周边环境协调一致。游人置身其间，通过今昔对比，感受岁月的变迁，既映衬了与民同乐、兴国安邦的情怀意境，又描绘了古朴诗韵的风貌，更展现了高楼矗立的现代化城市生活。

"雅集桥""屏翠桥"邻近近东湖风景区，桥面采用钢架平桥样式，整体装饰元素隐于自然山林之中，有文人兴会、对酒当歌的浪漫色彩，透视风景区的文化底蕴和山水特色。

（四）生态建设

东湖港位于武汉市中心城区，毗邻著名的5A级旅游景区东湖风景区。根据大东湖水网连通要求，长山咀闸的功能设置要能使游船通达大东湖各景区湖泊。因此工程设计不光要考虑水利功能，还要外观新颖美观，符合景区标准。

创新性提出城市湖泊群多点水动力驱动的环形生态水网构建技术，攻克了市区湖泊孤立、水体流动性差、承载力下降、生态退化等难题。通过综合整治，打通长江与东湖水系连通的通道，实现区域内水资源灵活调度，加快长江、东湖、杨春湖、严西湖、严东湖的水体循环，改善水环境。依托自然水系格局和禀赋条件，利用河湖天然水动力，在截污控污基础上，辅以生态修复措施，构建了"引江济湖，湖湖相通，控污先行，海绵提升，生态修复"的良性互动。

东湖港沿线栽种樱花、秋枫、桂花、无患子等树木，同时在4.7千米的护坡边，铺设6米宽的步行道，打造了一道靓丽的沿港绿道，沿港绿道既是百余千米东湖绿道的延伸和拓展，又与东湖绿道融为一体，成为人们休闲娱乐的绿廊。

东湖港工程采用"城市河道多物种生物栖息地构建"方法，通过多孔材料固化渠底、水下生态驳岸形成的水下生境、河道两岸陆地连续布置乔木林带或斑块，缓坡岸种植灌木或草坪，边坡浅水区种植沉水、挺水植物，形成各种异质化小生境，满足动物、鸟类、鱼类、两栖类等多种生物栖息、迁移的需求。工程采用了"滞水型波浪花园""滞—净式地被岸坡""透—净型下垫层滞水带"等技术，提出了"海绵河道""滞、净、排、渗结合海绵坡岸"方法，对 10 个大小各异、高程体系复杂的市政雨水排口，通过滞、净结合的处置措施，有效净化入渠雨水，将海绵城市建设理念与城市河道综合治理深度融合，创建了国内海绵河道示范案例。

如今，东湖港工程践行习近平总书记"绿水青山就是金山银山"的生态理念，一改"黑臭"水体旧貌，展露水清岸绿新颜，成为提升武汉市民幸福指数的生态景观公园。河畅景美、生物多样的水生态环境让东湖港"颜值"大升级，真正实现"生态为民、生态惠民、生态利民"，为"美丽湖北"和"生态大武汉"建设写下浓墨重彩的一笔。

入口景石

二、软件建设

湖北水院克服种种困难，在工程设计中通过生态廊道体系构建、水下空间换陆地空间、四廊空间共享、生物栖息地构建、生态化雨水控制、生态水网构建、淤泥原位处理措施等七大创新性建设措施，实现了基于城市高密度聚集区内建设复合功能型河道的目标，取得了良好的生态示范效益和经济效益。高质量完成各项设计，在技术上取得重大突破，成为其水文化软件建设的重要内容。

（一）生态河道设计技术

完善河流廊道的功能，连接区域生态群落，实现市域范围内完整的生态廊道体系的构建。东湖港全长4.7千米，分属青山区、洪山区、东湖风景区三个行政区域。在总体布局上，创新性提出了城市近自然生态河道设计理方法，将河道两侧绿化用地和碎片地块纳入本次综合廊道建设中，采用接近自然的九曲一大湾的平面布局，形成了宽100~140米的带状生态廊道。往北可接长江生态圈，往南连接大东湖生态圈，往西经东杨港连接杨春湖生态圈。通过连通城市内的多个生态斑块，加强城市生态斑块间物种、能量和物质交换通道，对生物多样性保护、水污染防治、滨水环境、城市热岛效应缓解有积极效益。改变了水利工程中河道功能单一、生境脆弱的传统现象，解决了河道在城市多种空间功能形态下，综合生物廊道构建及区域多物种生物生境营建的技术难题。

（二）城市河道"四廊合一"的设计技术

采用绿廊、水廊、生物廊、景观廊四廊空间共享模式，解决城市人口密集区人水争地、城市绿地不足的难题。设计统筹微生物、动物、植物、人群的生境组合设置，将单纯的水利工程设施转变为构建水—陆两项自然基质的生态空间。将传统水功能设计、生物生境设计、城市功能及人类活动需求设计协同，绿廊、水廊、生物廊、景观廊四廊空间相互影响、协调和制约，达到动态平衡，从而保证河道的健康和稳定发展。

（三）"城市河道多物种生物栖息地构建"设计技术

在河道水体及岸边带布置了多种复合生境，以满足生物栖息、迁移、交换的需求。设计中采用多孔材料固化渠底、水下生态驳岸形成的水下生境；宽1~2.5米的挺水植物带营造浅水坡地生境，宽8~15米的乔灌林带形成陆地生境。形成各种异质化小生境，满足动物、鸟类、鱼类、两栖类等多种生物栖息、迁移的需求。

乐活轻享

（四）"水下空间换陆地空间"城市河道工程技术

置换出更多的滩地、坡地、湿地空间，提供更多的生境布置场地，为河流平面形态设计多样化创造了便利条件。在用地狭窄地段，设计水位60厘米以下采用垂直式多孔隙挡墙，挡墙顶高程以上缓坡入水，既满足河道过流量，又争取到较大的陆上坡地生境空间和浅水坡地生境空间。挡墙内结构填充料之间的缝隙可保持土体与水体之间的自然交换功能，同时也利于植物的生长，实现水土保持和自然生态环境的统一。

（五）"海绵河道"设计技术

将海绵城市建设设计理念和方法与城市河道设计相结合，构建生态化雨水控制系统，形成海绵河道示范案例。"海绵河道"设计包括河道两岸"源头截污""滞、净、排、渗结合海绵坡岸"、雨水排口处置等设计，使全线径流总量控制率达到85%，径流污染控制率达到70%。河道岸坡自下而上采用格宾石笼挡土墙、透水混凝土绿道、渗透型植草沟、植被缓冲带多维空间布置，形成"滞、净、排、渗结合的海绵坡岸"。沿线的岸坡根据雨水处置需要采用了"滞水型波浪花园""滞—净式地被岸坡""透—净型下垫层滞水带"等多种设计方法。对10个大小各异、高程体系复杂的市政雨水入河排口，设计采用滞、净结合的处置措施，初期雨水经岸坡的"滞、净、渗"的作用，有效净化入渠雨水。

（六）城市湖泊群多点水动力驱动的环形生态水网构建技术

为从根本上解决城市区湖泊水体流动性差的问题，打通长江与东湖水系通道，实现区域水资源灵活调度，加快区内河港水体循环，改善水环境。依托自然水系格局和禀赋条件，利用河湖天然水动力条件，在截污控污基础上，辅以生态修复措施，构建了"引江济湖，湖湖相通，控污先行，海绵提升，生态修复"的生态水网。

（七）其他综合设计技术

包括妥善的城区文物保护方案、城区淤泥原位处理措施、交叉建筑物与景观设计结合、对于复杂多变的基础条件因地制宜的处理措施。研究提出了通过新建旁通水域的方式共同过流，保证了引水通航而不破坏现有北洋古桥的解决方案。对于淤泥的处理，提出了分段导流、原位固化后再外运，避免淤泥污染城区环境的环保处理方案。对于河道的建筑物分别采用了顶升式闸门与下卧式钢坝闸的设计方案，该方案有别于传统提升式闸门，取得了良好的景观效果，满足了城区河道的景观需求。对于河道内基础部分，根据不同的地质条件、基础淤泥含水量等因地制宜地提出了换填、水泥土搅拌桩、杉木桩及预制管桩等多种处理措施。

2017年，武汉全面推行河长制后，湖北水院又为东湖港建立名录，做好数字、文字、图像等全面记录，并因地制宜实施"一河一策"，有针对性地确定治水方案。河长制的推行，影响到武汉的每一个百姓。不少市民认为，河长上任后，有了巡查机制，保洁员定时清捞，大家也都来自觉保护环境，让环境倒逼的压力使岸上将治污纳入常规，呈现"水清、岸绿、景美"的生态河流，维护河道健康生命。

除东湖港外，湖北水院还按照以水定城的思路，为武汉市持续实施武昌大东湖、汉阳

全国优秀水利水电工程勘测设计奖获奖证书

六湖、汉口金银湖七湖等城市生态水网构建项目,不断加强水生态系统的保护和修复,促进城水格局均衡,构建人水和谐的生态水网。

【延伸阅读】

● 大东湖水网及引江济湖工程

大东湖水网及引江济湖工程的主要任务包括引江济湖、湖泊连通和增容疏港。引江济湖为新建青山港进水闸和曾家巷泵站,恢复江湖间的联系;湖泊连通除连通东湖与沙湖、杨春湖、严西湖外,还通过疏通严西湖、竹子湖、青潭湖、严东湖水道,完善水网系统。配套的增容疏港工程包括在东沙湖水系扩建罗家路泵站,在北湖水系扩建北湖泵站,提高区域排涝(渍)能力,以及扩建整治青山港、东湖港等现有排涝(渍)港渠15条。

● 武汉的六湖连通工程

武汉市包括东湖、沙湖、严西湖、严东湖、北湖和杨春湖在内的六大湖泊,其引水线路主流方向为西进东出:长江→青山港闸→青山港→杨春湖→新东湖港→东湖→九峰渠→严西湖→北湖→北湖泵站→长江;补充线路为长江→曾家巷泵站→沙湖→东沙湖港→东湖→九峰渠→严西湖→北湖→北湖泵站→长江。另外,根据湖泊生态修复要求,近期引水方案还布置了两条支线。两大水系连通后,年引水总量可达到1.2亿~2.07亿立方米。

● 东湖港的排水通道

20世纪初张之洞督修武青堤后,东湖港成为武汉东湖唯一的排水通道。2002年武丰闸封堵后,东湖港不能入江,东湖水的排泄通道主要分为两条:一是自排,即将水送入临近的沙湖港、罗家港,排至长江;二是抽排,通过落步咀闸、落步咀泵站经青山港,由武钢排水泵站排至长江。

东湖港的入江通道虽然封堵了,但近年来通过对东湖港的水综合治理,死水变成了活水,当地的水资源、水环境也得到了根本改善。同时,通过水系连通工程,定期将东湖港的水引入沙湖港排入长江,使东湖港死水变活,自净能力大大加强。还使未来引进长江水对湖泊、渠道冲污成为可能。

(本文照片均由湖北省水利勘测规划设计院提供)

峡江水利枢纽工程鸟瞰

10 江西水利看峡江

【概述】

　　峡江水利枢纽工程位于江西省峡江县巴邱镇，是赣江干流梯级开发的骨干工程，也是江西有史以来投资最大的水利建设项目，被誉为江西的"三峡工程"。工程建设对提高赣江流域中下游防洪能力、改善电网电源结构、实现赣江高标准航道建设，以及改善生态环境和人民群众脱贫致富，促进经济社会的可持续发展具有十分重要的意义。

【兴修背景】

江西省位于长江中下游南岸，境内地势南高北低，东西边缘群山环绕，中部丘陵起伏，北部为低洼平坦的鄱阳湖平原。省内降水丰沛，河网密布，赣、抚、信、饶、修五大河流从东、南、西三面汇入中国最大淡水湖——鄱阳湖，经调蓄后再由湖口注入长江。江西省在地域与鄱阳湖水系相似度高达96%。省内河流极少流往外省，外省也极少流入本省，这是江西水情的一大特色。

在鄱阳湖水系中，赣江长度、流域面积和水量均居首位；在长江八大支流中，赣江长度及流域面积虽居最末，但总水量位居第四，单位面积产水量位居第一。赣江是长江水资源最丰沛的支流之一，也是大半个江西人民的母亲河。

与全国其他地区一样，赣江以丰沛的水资源哺育了沿岸百姓，也给他们带来严重的洪涝灾害。尤其是位于下游的鄱阳湖平原，即是鱼米之乡，又是洪水走廊。在赣江干流上兴建控制水利枢纽，可实现对赣江水资源的高效利用，也将造福于全省人民。

20世纪90年代建成的万安水利枢纽，是千里赣江第一坝，在一定程度上缓解了流域水旱灾害频繁的局面。但它库容偏低、位置偏上，对流域中下游防洪、航运作用有限，亟须在其下游再建一座大型骨干工程。

此外，万安枢纽以发电为主，运行期间容易造成下游水位忽涨忽落，对航运有一定的不利影响。

峡江县位于赣江最后一个峡谷出口处，上距吉安市约60千米，下距南昌市约160千米，位置适中，地势险要，水面也较为狭窄，在此兴建控制性水利工程，对于增强下游城市防洪能力、缓解全省电力紧张局面，以及改善赣江航运条件均具有重要意义。

因此，江西人民始终盼望峡江水利枢纽早日建成。

【建设历程】

一、酝酿过程

早在1958年,苏联专家在陪同长江委专家对赣江流域进行查勘时,就认定峡江县巴邱镇是个好坝址,要求"这里必须要有个大坝"。但不久后,随着苏联专家离华,相关工作即告停止。

1977年,在全国电力工作会议上,水电部指示江西省着手水电规划选点工作,对赣江干流梯级开发方案进行复核。

1982年,江西省编制《赣江流域规划》,提出了赣江干流梯级开发的6个水利工程,首次提出建设峡江水利枢纽工程。另5个梯级是万安、泰和、石虎塘、永太、龙头山。万安被确定为第一个开发项目,并于1990年基本建成。

1990年8月,《江西省赣江流域规划报告》经国家计委批复同意,确认峡江水利枢纽是骨干工程,被推荐为先期开发工程。

二、规划与审查

2001年2月,江西省水利厅成立了峡江水利枢纽工程筹建领导小组。

2001年12月,江西省计委和省水利厅联合将"加强峡江水利枢纽工程的立项及前期工作进度"列为全省"十五"期间水利建设首要任务之一,也是《全国大型水库建设规划(2008—2012年)》中的项目之一。

2003年2月,江西省水规院完成项目建议书。2005年6月,项目建议书通过水利部部长办公会议研究,并报送国家发改委。

2007年5月11日,国家副主席曾庆红同志察看工程大坝选址,指出江西就缺这样的水利工程,要积极主动地做好各项准备工作,争取早开工、早建成。

2008年,国家提出"四万亿"投资计划。11月,国家发改委通知江西省发改委,峡江水利枢纽项目建议书已经国务院批准立项。

2010年7月,国家发改委批复同意兴建峡江水利枢纽工程。2011年8月,核定工程初步设计概算静态总投资93.39亿元,总投资99.22亿元。

2011年10月，水利部以《关于江西省峡江水利枢纽工程初步设计报告的批复》批复峡江水利枢纽工程初步设计报告。

三、枢纽工程建设

2009年9月6日，工程奠基，开始施工准备。

2010年7月1日，一期枯水围堰下河，标志着枢纽主体工程正式开工。

2011年3月，库区防护工程开工。

2012年8月，实现赣江截流.

2013年2月28日，船闸首次通航成功。

2013年7月底，完成一期下闸蓄水。

2013年9月，首台机组并网发电。

2014年4月，大坝交通桥全面贯通。

2015年4月，9台机组提前5个月全部投产发电。

2015年12月26日，通过正常蓄水位46米下闸蓄水阶段验收。

2017年10月，库区防护工程基本完工。

2016—2017年，工程先后通过水土保持、环境保护、移民安置、档案等专项验收。

2017年12月，峡江水利枢纽通过竣工验收，是172项节水供水重大水利工程中第一个整体工程竣工验收项目。

【工程简介】

一、工程概况

峡江水利枢纽工程由枢纽工程、库区防护工程和抬田工程组成。

（一）枢纽工程

主要枢纽工程包括混凝土重力坝、18孔泄水闸、电站厂房、船闸、鱼道及左右岸灌溉进水口等。

大坝轴线总长845米，设计坝顶高程51.20米。泄水闸墩顶高程53米，最大坝高30.5米，枢纽工程主要建筑物沿坝轴线从左至右依次为：左岸挡水坝段（包括左岸灌溉总进水闸）、船闸、门库坝段、泄水闸、厂房坝段、右岸挡水坝（包括安装间上游挡水坝、右岸灌溉总进水闸及鱼道）。

大坝中部主河床段为泄水闸，共设18孔，孔口尺寸为16米×17米。沿坝轴线方向长358.0米，

电站厂房位于泄水闸右侧，沿坝轴线方向总长274.3米，其中主机房长211.8米，装机9台，单机容量4万千瓦，总装机容量36万千瓦。

通航过坝设施为单级船闸，在泄水闸左侧，按Ⅲ级航道过1000吨级船舶考虑。闸室尺寸为180米×23米×3.5米，沿坝轴线方向长47米。

电站与船闸两侧，为混凝土重力坝段，设有两岸灌溉取水口。在右岸取水口，还设有鱼道，与灌溉闸合计占用坝轴线长99.7米。鱼道采用"横隔板式"的竖缝式设计，总长981米，宽3米，分上游鱼道（出口段）和下游鱼道（进口段）两部分。隔板过鱼孔设计流速为0.7~1.2米每秒，可满足主要过鱼种类四大家鱼青、草、鲢、鳙的上游需求。

工程鱼道

（二）防护工程

为保护宝贵的土地资源，并降低库区淹没处理投资。工程设置同江、吉水县城等7片防护区，防护工程堤防15条，总长57.8千米。设置电排站15座，

205

装机50台（套），总容量17715千瓦。共保护耕地5.36万亩、人口8.28万、房屋面积467.2万平方米。

库区堤防与电排站

（三）抬田工程

工程对对沙坊、八都、桑园、水田、槎滩、金滩、南岸、醪桥、乌江、水南背（抬地）等15片浅淹没区（一般水深小于3米），共计2.39万亩耕地进行抬田处理；同时，对同江河、上下陇洲、槎滩、柘塘、樟山防护区内及其周边的个别区域，共计1.36万亩耕地进行抬田处理。总计抬田面积3.75万亩。

抬田工程

二、工程特色

峡江水利枢纽工程坝区枢纽与库区防护工程相对独立，各具特色。

1. 枢纽工程特色

坝区枢纽工程相对集中，有如下特点：

（1）结构复杂。发电厂房机组流道断面不规则，受力复杂、孔洞多而且跨度大。船闸闸首与输水系统同样较复杂，对施工技术要求高。

（2）混凝土浇筑量大，月浇筑强度很大，单块尺寸大。枢纽混凝土总量达106万立方米，高峰期单月浇筑强度达11.5万立方米每月，其中主体土建Ⅲ标月强度达8.2万立方米每月。发电厂房基础混凝土底板单块尺寸超过1000平方米，泄水闸堰体尺寸为45米×19.5米，长宽比达2.3，相当悬殊。

（3）运输与吊装多。枢纽坝顶公路桥梁、门机轨道梁、人行道梁、电缆沟梁都是通过专业队预制然后运输吊装，数量巨大，最大的门机轨道梁重达250吨。还有发电机组的尾水管、管形座、定子、转子、主轴、导水机构等的运输吊装，闸门安装的运输吊装等也都具有体积大、重量大等特点。

（4）安装工程多，技术复杂。枢纽有9台水轮发电机组安装，有电站进出口平板闸门、18孔泄水闸弧形闸门、船闸人字闸门及电器设备安装，这些设备安装精度要求高。

（5）交叉作业，施工干扰大。枢纽工程集中，场地狭小，同时有土建、安装各工种作业，上下交叉、平面交叉施工干扰不可避免。

（6）工期非常紧。主要体现在汛期前要具备度汛条件，本工程一期工程首当其冲是利用一个枯水期形成全年围堰，主要是把厂坝间的连接坝段、导墙及混凝土全年围堰抢到顶，其次是二期工程要在一个枯水期完成，具备过水条件，这些条件是硬指标，如果达不到，工期必将推迟1年以上。

（7）设备多，供应厂家多。包括主机、金属结构、电气及其他设备厂家达数十家，安排对主要设备监造、验收，供货协调工作相当多。

2. 库区工程特色

峡江水利枢纽是全国首个实现大面积抬田工程的水利枢纽，并且在国内首次对抬田工程技术进行全面、系统的研究，建立了抬田结构分层技术、保水保肥关键技术、耕作与灌排技术、水肥演变规律及土壤改良技术及田间工程布置优化技术。在库区耕地淹没乡镇得到了大面积推广实施。

3. 水库调度特色

为最大限度地减少库区淹没，峡江水库首次在设计阶段研究确定了根据不同来水流量进行蓄水位动态控制的水库调度运行方式。采用"小水下闸蓄水兴利调节径流，中水分级降低水位运行减少库区淹没，大水拦洪削峰控制泄量为下游防洪，特大洪水开闸敞泄洪水以保闸坝运行安全"的水库蓄水位动态控制调度运行方案。通过对防洪与兴利运行分界流量、起始控泄流量、降低水位运行分界流量和分界水位、大水控制泄量和判别指标分界点以及特大洪水敞泄起始流量等方面的研究，使得工程淹没损失有效减少，大幅提高了工程实施的可行性，达到了枢纽工程防洪、兴利以及投资规模等目标的协调。

4. 国内首个自主研发的大型贯流灯泡机组

峡江水利枢纽电站运行水头低、变幅大，额定工况点远离最优工况点，对工程发电造成较大影响。为此，有关方面经深入研究，确定采用自主开发的水力技术，在电站安装9台转轮直径达7.7~7.8米（居亚洲第一位）的4万千瓦灯泡贯流式机组，打破了国外在相关研发核心技术领域的垄断，推动了我国大型灯泡贯流式水轮发电机组产业化发展。同时，在国内针对首次采用完全二次循环水冷却方式，增强了机组水平抗振能力，有效降低了卧式悬臂轴系的水平摆动，为大容量巨型灯泡贯流式水轮发电机组完全采用二次循环冷却方式积累了宝贵经验。此外，还首次在发电机竖井通道中设置了液压升降平台，大大提高了生产运行的安全性。

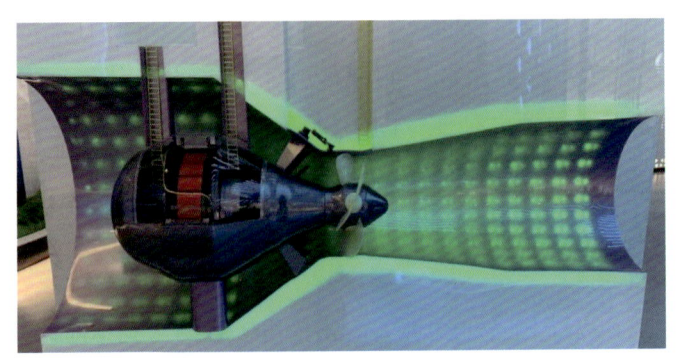

峡江电站贯流式水轮发电机组

三、工程效益

峡江水利枢纽位于赣江中游，以防洪、发电为主，兼具灌溉、航运、养殖等效益。

1. 防洪效益

坝址控制流域面积6.27万平方千米，占赣江流域面积的77.5%。水库总库容11.78亿立方米，其中防洪库容6亿立方米。工程建成后，能提高赣江中下游两岸尤其是南昌市和赣东大堤保护区的防洪标准，配合赣江下游泉港分蓄洪区的使用，南昌市的防洪标准将由100年一遇提高到200年一遇，赣东大堤保护区防洪标准将由50年一遇提高到100年一遇，年均减少洪水损失约7.5亿元。

2. 发电效益

工程装机容量36万千瓦，设计年发电量11.42亿千瓦时，年均发电效益4亿元。可增加江西电力调峰容量，缓解全省电力系统用电的紧张状况。

3. 航运效益

峡江水利枢纽不仅可渠化上游65千米航道，还可通过水库调节增补枯水期下泄流量，改善下游航运条件。使上游航道由Ⅴ级提高到Ⅲ级，可畅行千吨级船舶。有效改善赣江航道等级两端高、中间低的"中梗阻"现象。

4. 灌溉与补水效益

从水库引水，能为下游峡江、新干两县及樟树市18个乡镇的33万亩耕地提供灌溉水源，年均粮食增产6万吨。水库2.14亿立方米的兴利库容，可作为特枯年份为赣江中下游补水的应急水源，使赣江下游连续10天枯水期的平均流量增大248立方米每秒，有效改善樟树、丰城、南昌等城市的取水条件。

5. 抬田效益

与枢纽工程同期进行的抬田工程实施后，不仅减少了耕地淹没面积，还通过平整土地和配套的农田水利设施，改善了农田灌溉"最后一公里"问题，缓解了水土流失状况。峡江水利枢纽以抬田工程为载体，结合"美丽乡村"建设，为水利工程移民安置工作实现"搬得走、留得住、能发展"的目标，奉献了"峡江方案"，让库区群众"居者有楼房，耕者有良田，致富有门路"，取得了库区群众的广泛赞誉，成功破解了水利工程建设移民安置这一"难题"。

6. 生态效益

峡江枢纽高度重视生态建设，通过以下措施，有效改善了区域的生态环境。

一是修建鱼类过坝通道。鱼道对于减小大坝的阻隔影响，帮助恢复鱼类和其他水生生物物种在河流中自由洄游发挥了重要作用。

二是开展鱼类人工增殖放流。枢纽工程2016年投放四大家鱼2082.5万尾，2017年投放四大家鱼148.5万尾，2018年投放四大家鱼289万尾，有效增加了水生生物多样性，改善了水生态环境。

三是建设鱼类栖息地。为加强对库区及坝下支流的鱼类生境保护工作，建设了鱼类栖息地保护区。库区鱼类栖息地总计种植水生植物114.58亩，漂浮式人工栖息地6000平方米。

四、工程荣誉

峡江水利枢纽工程先后荣获中国水利工程优质大禹奖、中国建设工程鲁班奖、中国土木工程詹天佑奖。曾入选全国"人民治水 百年功绩"治水工程项目、国家级水利风景区、江西省工业旅游示范基地、江西省法治宣传教育基地。

【文化解读】

峡江水利枢纽极大地改善了赣江的流域开发条件，也极大地改善周边区域的社会发展条件及水文条件。

千里赣江，流贯南北，如苍龙，匍匐赣鄱。玉峡长虹，横卧东西，如长缨，萦绕峡谷。峡江水利枢纽工程依托厚重的赣水文化，充分吸纳生态、历史、科技、精神等文化要素，赋予工程文化品位，成为江西水利系统无可替代的文化旗帜和价值标杆。

一、寻根：兴水安澜、造福当代

治理赣江、抵御洪灾、发展经济，一直是沿江人民期盼多年的心愿。2009年9月，新中国成立以来江西投资最大的水利工程——峡江水利枢纽工程开工奠基，江西人民开启了一场规模空前的驭江驯水之旅。八年磨砺，终成大器，护江河安澜，保百姓安居。

工程建设之"道"——殷殷心血，筚路蓝缕。工程开工以来，工程建设总指挥部精心组织，科学管理，带领着设计、监理以及施工单位近万名建设者，在2000多个日夜里，披肝沥胆，艰苦奋斗，顽强拼搏，保质保量地完成各项工程建设任务，取得两年完成截流、三年通航、六年完成主体建设的喜人成绩，构建了一个又一个节点上的丰碑，实现了"进度提前、质量优良、投资可控、安全生产无事故、移民与工程建设同步"的目标。

工程创新之"力"——融资多元，施工先进。建设过程中，创新融资模式，将水电站50年的经营权进行出让，融得建设资金39.16亿元，解决资金缺口，该举措入选国家发改委首批PPP示范项目，并在全国推广。积极应用建筑业十项新技术中的10个大项25个子项，自创创新技术21项，获国家专利9项、水利行业和爆破行业省部级工法5项，形成了硕果累累的技术亮点：选用的9台直径7.8/7.7米灯泡贯流式水轮发电机组，其直径为亚洲第一、世界第二；鱼道采取国内首创"横隔板式"竖缝过鱼通道设计，保障了赣江流域水生态平衡；泄水闸施工采用多卡模板、翻模和悬臂模板联合快速施工工艺，实现11.5孔泄水闸混凝土在一个枯水期内完成。

移民抬田之"举"——一朝抬田，百姓安居。水利工程移民素来号称"天下第一难"，国家交给江西的不仅仅是一项水利工程，更是一张民生考卷。峡江水利枢纽工程建设者践行习近平总书记以人民为中心的发展理念，担当作为、攻坚克难，向江西人民交出了一份温暖人心的答卷。工程实施过程中抬田3.75万亩，开创了大型水利枢纽工程建设大面积集中连片抬田的先河，减少了移民搬迁、淹没影响和库区淹没处理投资，得到社会各界广泛认可、编写的《水利枢纽库区抬田工程技术规范》以地方标准予以发布。省政府出台移民征地扶持支持政策，征地补偿省标准高于国家标准5%，为2.53万移民带来实惠，并组织49个省直单位对口支援，投入2亿多元资金进行移民新村基础设施建设，为实现"移得出、稳得住、能致富、不反复"的目标提供了保障。井冈儿女舍小家为大家、顾全大局的奉献精神，各级干部勇于担当、躬身为民的情怀，以及移民安置后新农村建设的美丽蝶变，共同写下一部值得历史铭刻的民生巨著。

二、铸魂：天人合一、和谐共生

峡江水利枢纽工程在建设运行管理过程中，充分尊重自然，维护生态平衡，以打造江西人民的幸福河为载体，做到了保护自然和造福百姓相统一，引领形成生态文明建设的正确价值导向。

工程风貌之"新"——气势恢宏，风景秀美。大胆创新外观设计，在坝顶建设七彩横梁，使整个大坝如七彩长虹般横跨在赣江之上，突显枢纽大坝的建筑艺术效果，18孔泄水闸、发电厂房、通航建筑物、鱼道等采用新材料和新手艺，充分展现代水利工程丰富的空间造型。按照环境景观化生态化、工程设施安全化的原则，因站而异，将库区12座电排站建成一站一景，营造宜居宜人、山青水净的生态环境。巴邱镇古渡口、住岐古塔、峡江会议旧址等历史人文景观，革命先烈的足印，为雄伟大坝增添了红色韵味。

人水和谐之"路"——绿色发展，昭示未来。为鱼类洄游建立了专用的通道，每年定期开展鱼类增殖放流，库区古树名物专项进行了移植保护，"百里赣江风光带"、庐陵文化生态园、吉水城防等一批景观宛如天开，赋予了赣江两岸更多的生机和活力。把水资源作为最大刚性约束，工程在设计阶段提出蓄水位动态控制，区分不同季节执行相应的生态流量调度管理，干旱特枯时段保持最低流量下泄，不仅灌溉了万亩农田，还为生态环境改善带来源头活水。临江土质边坡生态防护、设置污水处理设备、库底清理等一系列措施实现了对母亲河的保护性开发，为峡江水库水质达到国家2类水质标准提供了保障。水库蓄水后，渠化枢纽坝址以上赣江航道65千米，千吨级的船舶得以航行，全面振兴"千年赣鄱黄金水道"，重现"千帆竞发，百舸争流"的辉煌场景。

三、传承：生生不息、永续发展

一代代建设和管理者将智慧与汗水注入峡江水利枢纽工程，在高标准、严要求的接力下，她生机勃勃、久久续航。工程展示馆内，陈列了"国家级水利风景区""大禹奖""鲁班奖"等奖杯和证书，彰显出工程在全国范围内的"分量"。

管理运行之"法"——标准到位，精益求精。一方面，制度先行。总指挥部成立之初，从机构建设、人员管理、工程管理、安全管理、财务与合同管理、后勤管理等各方面着力建立各项规章制度，构建完善的制度体系，为全省大型水利工程建设管理探索先行、独创的"廉政八不准"等党风廉政建设制度，把实现个人价值与工程建设管理的目标紧密结合起来，全面规范干部职工行为。另一方面，管理精细。充分利用信息化管理平台，实现工程管理岗位到人、责任到人、任务到人、监督到人，工作管理流程化、程序化、痕迹化及可追溯化，标准化管理创建居全省同类标准化试点工程的前列。以物业化管理为手段，首次在全省水利工程采用政府购买服务的方式选择专业公司承担工程运行管理的维修养护任务，严格按照标准化要求开展防洪调度、安全监测、巡查巡检、养护维修等工作，切实保障枢纽工程安全、持续、高效运行，充分发挥综合效益，助力生态鄱阳湖流域建设。

办公营区

峡江精神之"凤"——十年征程，初心不改。峡江水利枢纽工程作为"干部干事业的平台、培养锻炼干部的摇篮、展示江西水利形象的窗口"，一代又一代峡江水利人在此启航，接续奋斗，用忠于事业的赤子之心、防汛调度的昼夜不息、敢打硬仗的坚强意志、勤于钻研的业务能力支撑起了大坝安澜之基，形成和丰富了"创新、拼搏、担当、奉献"的峡江精神。"助推绿色发展，建设美丽长江"全国引领性劳动和技能竞赛先进集体、全国水利先进个人等多项荣誉称号是峡江水利人无私奉献、慷慨付出的体现，为青年人树立了新时代水利奋斗者的价值导向。

【水文化建设】

赣江风光如画，文化源远流长。"惶恐滩头说惶恐，零丁洋里叹零丁。"民族英雄文天祥的千古名句赋予赣江深沉的诗韵。"青山遮不住，毕竟东流去。"爱国词人辛弃疾的人生感慨让江西披上了蕴藉的色彩。江西儿女的繁衍生息，让这块钟灵毓秀之地，积淀出璀璨而独特的赣水文化。

峡江水利枢纽工程建筑及景观设计秉承生态文明理念，以人水和谐、人与自然和谐、人与人和谐为宗旨，着力将生态文明融入工程设计之中，打造成为现代水生态文明建设的典范。峡江水利枢纽水利风景区规划设计充分利用原有丰富的自然资源和人文资源，以宏伟壮观的水利枢纽工程景观为核心，以波澜壮阔的赣江水景观为纽带，同时依托峡江水利枢纽工程的特点，着力打造生态环保科普教育基地、水利科普教育基地。

一、硬件建设

近年来，景区深入贯彻落实习近平生态文明思想，在省水利厅大力支持和指导下，围绕保护水资源、修复水生态、维护水工程、改善人居环境、弘扬水文化的基本要求，积极践行"建一处工程，创一处景观"的理念，通过挖掘文化内涵，建成水文化展示馆、工程纪实主题墙和精神文化塔、江西水利文化展区、廉文化园，展现工程建设历程，实现工程建设和水利风景区建设的相互融合。2018年12月，峡江水利枢纽获批为国家水利风景区。

1. 修一座展示馆——枢纽工程展示馆

2019年10月12日，峡江水利枢纽工程展示馆正式揭牌。

展示馆位于管理区内，总布展面积1300平方米，是江西首个以工程水文化为核心，集工程展示、经验总结、水利水电科普等功能于一体的展馆。整个展馆以"赣鄱玉峡、绿色工程"为主题，通过"工程篇""移民篇""生态篇""放眼篇"等四大篇章，运用文字图片、高清视频、现代声光电技术、沙盘模型相结合的手段，突出多媒体效果与互动式体验。以点带面，全方位回顾峡江水利枢纽工程建设历程，总结建设管理经验。同时，从世界、中国与江西三个层面对水利水电知识。其中四向伸展的生态树与270度外环式LED屏，展现枢纽建成后的平湖、大坝、飞流、长河、山水、新村等新景美貌；紧张刺激的VR体验，带领参观者深入难得一见的发电厂房内部空间；CAVE剧场式综合演示区，全面回顾枢纽的建设历程，展现一个创新、生态、高效、廉洁的国家工程；动态投影场景还原，栩栩如生刻画热火朝天的抬田工程景象。

作为大力推进鄱阳湖生态流域建设行动计划的项目和江西水文化的一张靓丽名片，该展示馆的建成不仅传承了水利文化，弘扬了水利精神，还进一步提升了大众节水、爱水、护水意识，引导公众积极参与生态文明建设行动，实现了水利工程功能与文化的有机结合。

峡江水利枢纽展示馆

2. 造一座文化园——廉文化园

充分运用江西深厚的廉政文化资源，使水利廉政文化植根于多元廉政文化和水文化的土壤中，构建了以"学、思、践、悟"四个关键字为篇章的廉文化园，形成了既有深刻思想性，又有广泛渗透性的水利廉文化。"学廉苑"，展现古代清廉故事，设计以"清"为主题的形象墙。"思廉廊"，布置与水相关表达洁净、清白之意的对联。"践廉圃"中央，毛笔、水流和莲花以写意式手法组合重构廉字雕塑，笔柱若莲花盛开，水势似清江蜿蜒，围绕雕塑，依次布置方志敏《清贫》、古人劝廉、江西水利工程与廉洁文化等内容。"悟廉园",一缸清莲与"廉"字影壁相得益彰,"梅、兰、竹、菊"楔入式小品景观清雅可爱。

3. 建一个广场——五河兴赣广场

广场选取赣江、抚河、饶河、信江、修水为五柱,表达五河入鄱、五河兴赣的文化主题,同时,以省会城市南昌和五河流域文化意境为主题制作弧形石雕墙,着力表现治水安澜的民生情怀、艰苦奋斗的红色精神和耕读济世的文化意蕴。

悟廉园

五河兴鄱广场

4. 砌一堵主题墙——工程纪实主题墙

建设者们别具匠心在发电厂房的右侧泄水闸挡水墙面上,通过镂空铁艺雕刻手法再现大坝战天斗地的建设场面,设置鱼道文化墙,从开工奠基、工程通航到大江截流,从洪峰过境、首机发电到全网通电,从电排作业、库区抬田到移民新村、蓄水验收,十大节点、十幅画面,如磐青石永恒刻下建设者无私无畏的风范。

5. 凝一座精神塔——峡江工程精神塔

在生活区醒目位置,以铿锵有力的造型为依托,书写"创新、拼搏、担当、奉献"八个大字,成为峡江水利枢纽工程的精神灯塔,以此激励和鞭策职工继续发挥工程建设期间攻坚克难、一心为民的精神品质,全力做好工程的安全运行管理。

6. 树一块标识牌——江西治水达人长廊

建古代江西治水达人长廊。以许真君挥患靖蛟、刘彝修福寿沟、王安石立农田水利法为典型，塑造雕像，并以文字加以说明，展示古人治水的智慧。

此外，峡江水利枢纽库区电排站有12处，景观设计做到每一处电排站有各自的特色，充分利用现有地形及现有景观元素，注重创造具有当地特色的景观空间，真正实现一站一景。

江西治水达人长廊

吉水县城防护区利用滨江优势，"做足绿文章，做足水文章"，实施过程中与县城市政建设、历史、生态景观、民生工程等结合设计、建设，把吉水县城建设成为滨江生态旅游城市，把吉水县城建成"千年历史古绿红，满城山色半城湖"的居住福地、旅游胜地、发展宝地。

二、软件建设

作为峡江水利枢纽的管理者与运行者，江西省峡江水利枢纽工程管理局（以下简称"峡管局"），融防洪、灌溉、水资源调配、发电和航运等社会效益、生态效益和经济效益为一体，对推进鄱阳湖生态经济区建设、提高防洪标准、保障粮食安全、增强通航和发电能力具有重大意义。峡江水利枢纽工程建设紧紧围绕建设鄱阳湖生态经济区战略目标，以促进生态和经济社会协调发展为主线，以提高水利支撑和保障能力为核心，以创新水资源管理体制和水利科技进步为动力，以民生水利建设和强化水资源节约与保护为重点，牢固树立现代水利理念，积极推进科技水利、民生水利、生态水利及资源水利的建设进程。

1. 科技水利促生产

在工程建设与管理过程中，峡管局始终站在科技发展的前沿，让现代科技为现代水利发展服务，先后邀请有丰富经验的专家学者开办讲座。并加强与高校和科研单位的合作，把工程实践与科研课题相结合，极大地提高了工程建设与管理的科技水平和员工的文化素质。

2. 民生水利润民心

峡管局从服务民生、改善民生的角度审视水利实践，始终把解决人民群众切身利益作为水文化的重要内容，推进了传统水利向现代水利、可持续发展水利转变。

一是优化防洪调度方案，采用"水库和分蓄洪区同时承担防洪任务"且"依据坝前水位结合上游来水流量指示调度"的防洪调度方案。既能在不增加工程投资前提下减少新增的淹没区域，又能满足工程下游的防洪要求。

二是将库区抬田工程与防护工程相结合，以减少水库淹没损失和影响。对抬田工程确定了的设计原则为：①以人为本。尽可能减少库区淹没带来的耕地损失和移民搬迁。②保护生态环境。坚持保护优先、预防为主、防治结合，做好建设区、取土区的植被恢复工作，防治水土流失、保护生态环境。③水土资源高效利用。以保护耕地为主要目的，不改变被抬田耕地原有土层结构，综合考虑抬田建设的社会效益、经济效益与生态效益，因地制宜、合理规划，促进水土资源优化配置与高效利用。④山、水、田、林、路、村综合治理。以推进现代农业发展、促进社会主义新农村建设为目标，以先进的理念进行抬田工程的规划与建设，改善农业生产条件，提高生态环境质量。峡江水利枢纽库区抬田工程实施后，2500公顷耕地经抬高免于被淹没，并减少移民外迁3.5万人。如今，在吉水县水田乡富口村"抬田"试验点，实现"水能顺畅到田、农机便利下田"。通过3年的水稻种植对比显示，抬田后，第一年每季水稻亩产量略有下降，第二年进一步完善水利设施，每季亩产量逐步提高，第三年每季亩产量比原先平均水平还略高。除15片抬田区，库区还设了7个防护区，保护人口8.01万，保护耕地3533公顷，减少房屋拆迁面积465万平方米。原规划移民10万人，淹没耕地6733公顷，通过实施抬田、防护工程，以及调低蓄水位，移民人数减少了7.9万人，淹没耕地减少了5000公顷。

三是移民安置规划遵循开发性移民安置方针，从吉安市及库区自然环境、资源条件以及社会经济发展特点与现状出发，确定了以土地为依托，大农业安置为主，二、三产业安置为辅的移民安置模式，使库区移民能够迁得出、稳得住，更通过移民新村建设与美丽乡村建设相结合、移民安置与发展产业相结合，使移民新村成为社会主义美丽乡村的样板。

3. 生态水利促和谐

现代水利本质特征是人与自然和谐相处，保持人类生产活动与自然规律之间的平衡与协调，努力使水利工程成为生态工程、水资源保护工程、环境美化工程。

为保持生态平衡，峡江水利枢纽按照"三同时"原则实施了水土保持措施，坚持治理与防护相结合、生物措施与工程措施相结合、治理水土流失与重建和提高土地生产力相结合的原则，形成完整的水土流失防治体系。

为确保库区及库周生态环境良性循环，减免与防范工程兴建对环境造成的不利影响，工程采取了各种环境保护措施，避免陆生植物及水生生态遭受不必要的损失，并采取可行的措施使水生生物得到有效弥补。如为鱼类修建鱼道及增殖放流站，为淹没区的古树名木采取了迁地保护和就地保护措施，并将西流村一棵巨大的千年古樟树保护性地移植到吉安市庐陵文化生态园并成功存活，创造了高龄古树移植世界纪录。

生态放流

4. 资源水利保发展

为确保水资源的合理利用，峡江水利枢纽在左右两岸修建了两条灌溉渠控灌，可灌溉农田2万余公顷。还可利用水库库容在特枯年份为赣江中下游应急补水，对改善下游航运条件，特别是在赣江中取水的城市的取水条件起着积极的作用。此外，峡管局还与江西省水文局、江西省水利规划设计院等科研单位合作，开展了水库水资源调度研究和优化调度研究，指导水库在同时满足防洪、发电、灌溉要求的前提下，实现最佳控制运用，最大限度地提高水资源利用率和社会效益。

此外，通过水利风景区建设和水利旅游的开发，以水资源安全、水环境优美、水生态和谐为目标，统筹兼顾水管部门和景区周边社区居民利益，推动生态渔业、有机农业和现代旅游服务业的有机融合，通过科学发展水利经济，带动当地区域经济与社会生态协调发展。

5. 文化水利出成绩

在建成水工程的同时，江西省峡管局还加强文化建设。

一是扩大对外宣传，增强社会对水利工程的关注度，提升工程影响力。在水利部172项重大工程系列展中首个出展、在国家博物馆举行的"伟大的变革——庆祝改革开放40周年大型展览"中工程全景图代表江西水利荣列"大国气象"区、入选"激浪杯"全国2018有影响力十大水利工程、移民抬田经验在全国水库移民工作会议上进行分享、水文化建设的"峡江经验"在全国典型水利风景区建设与管理经验交流会上作典型发言等，擦亮了江西水利的"峡江"名片。

二是开展形式多样的文化活动。如与长江年鉴社联合举办"峡江杯"画说长江70年长卷摄影比赛活动；邀请江西省作协走进峡江水利枢纽开展散文笔会活动；在《人民日报》《江西日报》《中国水利报》《青年文学》等大报大刊上刊发了《移动的乡愁》《以江河之名》《为一条鱼道动情》《抬田记》等文章，丰富了水文化成果。

三是主动加强与各级主流媒体的沟通与对接，办好《江西水利看峡江，高峡平湖耀赣鄱》《匠心筑就赣鄱水利新窗》等报道，大力推广工程建设管理的工作亮点和水文化建设成就。

四是总结提炼，挖掘枢纽文化亮点与特色。编撰峡江水利枢纽工程管理、采购招标、移民安置、工程重大技术、工程设计、工程施工等建设管理系列丛书，总结提炼工程建设管理模式，形成了"峡江智慧"和"峡江方案"；设计工程专属LOGO，代表峡江水利人以人民为中心的绿色发展理念；《峡江梦圆》《迁安》等书，呈现工程建设管理的精彩实践，反映峡江水利枢纽移民壮举，广泛推介工程文化内涵。

【延伸阅读】

● 江西第一大河——赣江

赣江是长江主要支流之一，也是江西省最大河流。源出赣闽边界武夷山西麓，自南向北纵贯江西全省。以贡江为源，长766千米；如以主要支流桃江为源，则长度超过800千米。流域面积8.35万平方千米，正好居江西全省及鄱阳湖水系的50%。多年平均流量2130立方米每秒，水能理论蕴藏量360万千瓦。是江西省水运大动脉，也是远景规划赣粤运河的组成河段。

● 赣江的流域开发

开发赣江水能资源，并取得航运、发电、灌溉、养殖等综合效益，一直是江西人民的多年夙愿。但与长江流域各省及各大支流相比，赣江的梯级开发却显得起步较晚。直到20世纪70—80年代的万安水利枢纽上马，才揭开第一步。如今，赣江已建成万安、石虎塘、峡江、新干、龙头山、井冈山等水利枢纽与航电梯级。

（本文照片均由江西省峡江水利枢纽工程管理局提供）

杭州三堡排涝工程泵站全景

11 排洪除涝三堡站

【概述】

扩大杭嘉湖南排杭州三堡排涝工程（以下简称"三堡排涝工程"）位于浙江省杭州市上城区三堡社区，毗邻京杭大运河（杭州段）三堡二线船闸西侧，是以防洪、排涝为主，结合改善水环境等综合利用的大（1）型水利枢纽工程，是完善太湖流域"南排杭州湾"流域格局、缓解太湖防洪压力、提高杭嘉湖地区防洪排涝标准、进一步加强杭嘉湖南排能力的必要举措。工程融合传统文化、建筑美学、生态文化及科普文化，为浙江省杭州市水文化场馆建设提供了有益的借鉴，为社会公众走进水利、认识水利、参与水利提供了现实场景，对弘扬水文化、普及水知识、传承水文明，推行可持续发展的治水思路具有重要意义。

【兴修缘由】

三堡排涝工程是国务院172项重大水利工程之一，是经国务院批准的《太湖流域水环境综合治理总体方案》和《太湖流域防洪规划》，浙江省政府批准的《浙江省太湖流域水环境综合治理方案》《杭嘉湖地区防洪规划》及《杭州市城市防洪规划》推荐实施的扩大杭嘉湖杭州南排工程的子项目，是浙江省太湖流域水环境综合治理"三大清水环境工程"重点水利项目之一，其兴建与太湖流域，尤其是杭嘉湖地区独特的水情、工情密切相关。

一、区域排涝的需要

杭州城区位于太湖以南，钱塘江和杭州湾以西，天目山以东，气候温和、降水丰沛，其中4—10月的梅雨期和台风期降雨量占全年的60%左右，洪涝灾害也呈现梅雨型和台风型两大特征。受地形地势影响，杭州城区积水主要向北汇入太湖，或向东汇入黄浦江，距离均超过100千米。若遭遇区域洪涝灾害，太湖与黄浦江水位较高时，市区积水难以自排，极易成灾。而将市区就近通过钱塘江排入杭州湾，不仅线路较短，而且最为便捷。不过，由于钱塘江水位高于杭州地面，在此排涝需要兴建泵站，对抗御钱塘江海潮有一定影响，实施难

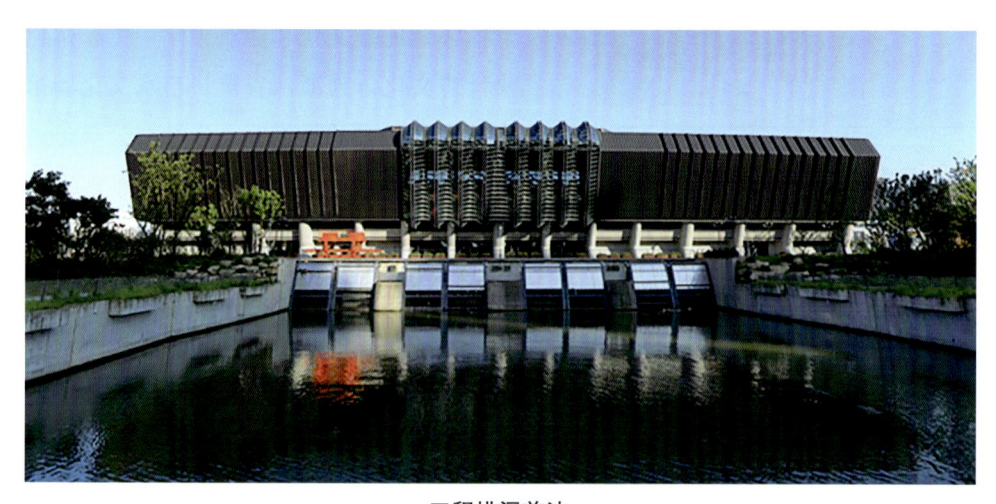

工程排污前池

度较大。因此国家采取了积极而又慎重的态度。直到 1987 年才批准将杭嘉湖南排工程列为太湖流域综合治理的十大骨干工程之一。1991 年长江下游大洪水后，国务院批准了《太湖流域防洪规划》，浙江省政府也批准了《杭嘉湖地区防洪规划》及《杭州市城市防洪规划》，均推荐实施扩大杭嘉湖杭州南排工程，均将三堡排涝工程列为其重要组成部分。

二、改善水环境的需要

杭嘉湖地区经济发达、人口稠密，历来是浙江省政治、经济与文化中心，近年来，社会经济发展较为快速，水污染也较为严重。如果在三堡地区兴建排涝工程，不仅在汛期可宣泄洪水，还可在非汛期引入洁净的钱塘江水，改善杭州城及周边地区的水环境与水生态，因此国家及浙江省在制定水环境综合治理总体方案时，均将其作为改善杭州主城区和杭嘉湖平原水环境质量的重要工程。

三、杭州城市发展需要

20 世纪 90 年代，杭州制定实施了"城市东扩、旅游西进、沿江开发、跨江发展"战略，逐步从"西湖时代"迈入"钱塘江时代"，城区面积不断扩大，排涝需求不断增加，原有经运河向东向北排涝通道已不能满足城市发展的需要。

只有在钱塘江边建设大型排涝泵站，将洪涝水直接南排入钱塘江，才是解决杭州江北城区内涝的最直接、最有效方法，在区域最骨干排水通道大运河与钱塘江汇口处的三堡兴建排涝工程无疑是最优选址。

【建设历程】

2007 年夏，"罗莎"台风重创杭州，杭州市委、市政府痛定思痛，果断决策上马三堡排涝工程。

2008 年 4 月，工程项目建议书获得省发改委批准；同年 11 月可行性研究报告获批；2009 年 4 月初步设计取得省发改委批复。

2008 年 10 月，前期准备工程开工；2013 年 4 月，主体工程开工；2015 年 6 月建成投入使用；2017 年 5 月通过竣工验收。

一、工程简介

三堡排涝工程由排涝泵站、进水箱涵、排水箱涵、排水闸、新开河引排水箱涵、防洪堤等组成，大（1）型泵站，共装机4台，总装机1.32万千瓦。设计排涝流量200立方米每秒，引水流量30立方米每秒。泵站等主要建筑均为1级建筑物，进水口导航架、拦污栅工作桥、引水箱涵等次要建筑物为3级建筑物。

二、工程特色

（一）向地下要空间的工程设计

三堡排涝工程位于钱江新城CBD核心区域，寸土寸金。工程在设计时，尽可能向地下要空间，减少工程占地。

原设计推荐方案为明渠方案，进出水引河采用明渠，排水口位于钱塘江侧，泵址位于钱塘江侧防洪大堤背面。该方案布置简单、进出水流顺畅、施工便利，工程投资也比较节省；但占地和征迁范围大，对现有交叉建筑和规划建筑影响明显。为此，有关方面依照利用地下空间和土地最大化利用等原则，将进出水引河优化为箱涵方案，减小了用地规模，节约了土地资源。

大型斜卧式轴流泵

（二）精益求精的水泵设计

泵站是三堡排涝工程的主体，水泵是泵站的核心，水泵选型和参数的拟定合理与否，将直接影响到工程建设的成败。建设者根据新中国以往相关泵站工程选型经验，结合工程自身特点，分析有关参数与水泵类型的适配性，最终选取了最为合适的水泵类型——大型斜式轴流泵，在国内外获得良好声誉。

（三）生态绿色的工程理念

三堡排涝工程始终将工程融入城市规划，在箱涵顶部覆土绿化，建设水利文化公园，向公众开放，还绿于民；泵站上部建筑采用全钢结构、玻璃幕墙、地源热泵空调、雨水回收、太阳能发电、外遮阳等多项环保节能技术，2015年成为国内首个获得国家绿色三星建筑设计标识（绿色建筑评价标识最高等级）的水利工程。2018年，获国家水土保持生态文明工程。

三、工程效益

如今，三堡排涝工程已成为钱塘江畔鲸吞洪涝，缓解太湖汛期压力、捍卫杭州主城区防洪安全的桥头堡，也成为运河源头引流调水、改善杭嘉湖平原水质的生力军，取得了巨大的社会效益。

（一）防洪排涝

三堡排涝工程四台机组全力运转时一天可排水1728立方米，相当于1.5个西湖。工程的建成，可有效增加向钱塘江排水的能力，缓解杭州主城区乃至杭嘉湖平原的洪涝压力。

截至2023年6月底，工程已经受8个汛期考验，在近年来的强台风、强降雨中积极发挥排涝减灾作用。工程累计开机4800台时，外排水量8.64亿立方米。在2021年台风"烟花"期间，四台机组首次全开，累计开机运行363台时，排水6500多万立方米，有效降低运河（杭州段）河网水位，对杭州主城区和太湖流域的防洪减灾作用显著。

（二）环境效益

三堡排涝工程在非汛期将钱塘江清水引入运河，显著改善杭州主城区乃至杭嘉湖平原河网水系水环境。截至2023年6月，工程累计引水26.47亿立方米，使杭州主城区运河水质基本达到3~4类，较以往水质有显著提升，实现国控断面达标。

（三）引领示范效益

三堡排涝工程设计新颖、先进，在符合国家和部颁设计标准、规范的前提下，开创性地将生态环保理念引入水利工程建设，工程景观与生态环境有机融合。同时，注重新技术应用、融合水文化建设，无论是工程实体质量、工程感官效果，还是工程景观与周边环境协调方面均达到国内领先水平，对全国的水利工程建设具有明显的示范引领作用，是水利工程的精品之作、历史性的代表之作。

工程建成以来，各地区、各行业交流学习单位纷至沓来，交流学习水文化建设、运行管理、创优经验做法，在省内乃至国内起到引领示范作用，据不完全统计，线上线下累计参观受益人数超100万人次，成为展示浙江省水利建设成果的窗口和金名片。

工程液压启闭机

四、工程荣誉

2015年，三堡排涝工程获住建部绿色建筑设计三星标识；2016年，获浙江省住建厅建设工程"钱江杯"；2016—2017年，获中国建设工程鲁班奖（国家优质工程）；2017—2018年，获中国水利工程优质（大禹）奖；2018年，获国家水土保持生态文明工程；2021年，入选为水利部文明办第三届水工程与水文化有机融合案例；2022年，获"2021—2025年第一批全国科普教育基地"。

此外，还先后荣获浙江省委省政府"五水共治"先进集体，省政府重点工程建设立功竞赛先进集体、示范工程等多项荣誉。2016年被评为标准化创建"典型工程"，成为浙江省内首座通过省级标准化管理验收的大型泵站工程。

【文化阐述】

三堡排涝工程是一个水工程为体、水文化为魂的典型工程，文化底蕴和现代科技在这里互相交融，将杭州的水文化演绎得淋漓尽致。2020年3月22日，建在三堡排涝工程内的杭州市水利科普馆（以下简称"科普馆"）正式开馆，这是浙江省首个也是全国鲜有的结合大型泵站工程实体布展的水利科普教育场所，是面向社会公众，集研究、展示、教育、宣传于一体的水利科普文化基地。

一、传统文化

科普馆内杭州水利简史展区展示了杭州治水兴城的水利发展史，讲述杭州人民在认识自然、利用自然、改造自然的过程中，在与水相争、相伴、相融的实践中，形成的积淀深厚的水文化。八千年前"跨湖桥文化"的独木小舟、五千年前良渚文化护城水坝，千年前李泌六井济杭城、九百年前屹立西湖至今的"水则"三潭印月。曾两度担任杭州地方官的苏轼等人大兴水利，使杭州经济文化更加繁荣，使钱塘山水更为秀美，为杭州博得了"地有湖山美，东南第一州"的美誉，杭州三大世界文化遗产——西湖、运河和良渚，都与水息息相关；白堤与苏堤成为古代水文化的经典之作。

杭州历经千年，到今天波澜壮阔的钱塘江时代，杭州社会经济发展史也是一部兴水利、除水患的水利发展史。

二、建筑文化

三堡排涝工程突破传统排涝泵站明渠开挖的方式，改为地下箱涵，节约用地200余亩。为与周边环境有效协调，泵站上部建筑景观方案全球招标，采用"逐流"主题造型，源于现代工业元素简单、机械、直接的序列感，将水的肌理与动感应用到整体设计中，通过建筑美学来演绎水流的轻盈与磅礴气势，展示了杭州水文化的丰富内涵。建筑"逐流"方案深度融合了建筑美学，设计巧妙，科学合理，使整个工程与自然环境融为一体，展现出独特的工程建筑之美。

三、生态文化

三堡排涝工程建设深入践行绿色环保理念，做好绿色水利文章。泵站上部建筑采用多项环保节能技术，箱涵顶部全部覆土绿化，增加绿化面积近80亩，在箱涵上部开创性地采用轻质陶粒和种植土复合结构，增加降水入渗，减少径流对地表的冲刷，也满足箱涵承载力和苗木种植的需要。工程北侧长廊上的百米长卷水赋图，以富春山居图为背景，用富有古典韵味的江、河、湖、海、溪名家辞赋和书法名家字体设计而成，由现代书法大家邵华泽题名，气势磅礴，壮观热烈，凝聚了杭州水利精神和集体智慧，展现了美丽杭州的水生态画卷，增添了展馆的文化底蕴和内涵。

四、科技文化

三堡泵站内大型斜式轴流泵及叶片液压全调节技术等实体工程，增强了水利科普展示实效。全国首个水滴影像艺术屏以卓越的风姿诠释了水对生命的意义，环绕水滴的24组激光组成的无弦竖琴，弹奏起自然界美妙的水乐声，展现人水和谐的理念。钱塘江潮文化互动体验装置普及了潮水种类、潮水成因及危害，提醒观者潮如猛虎，注意观潮安全。良渚遗址出土的新石器工具点缀陈列。馆内最长的波浪墙"水之灵"，讲述了水与杭州三大文化遗产的关系，带领观者领略水与杭州的灵魂。杭州是以江、湖、河、海、溪"多水共导"为治水理念，通过实施西溪湿地综合保护、运河综合保护、钱塘江水系生态保护、"三江两岸"生态景观保护与建设、河道有机更新等系统工程，营造了"水清、河畅、岸绿、景美"的亲水型"宜居城市"。

杭州水利科普馆中的水滴造型

【水文化建设】

一、硬件建设

科普馆采用工业风效果布展，主题鲜明，独具特色，展陈内容丰富，形式多样，生动直观地展现了现代水利工程节能环保及智慧水利理念，堪称现代水工程与水文化结合的创新实践。

（一）景观设计[①]

在景观设计方面，浙江省、杭州市有关部门就有意将工程地块建筑及周边景观建成杭州水利标志性建筑及江河交汇区特色建筑，通过中国设计网等向全球征集设计方案。承建的杭州市园林绿化股份有限公司，秉承精益求精的匠心精神，运用独特的造园艺术，通过新技术的应用，营造出简约大气、和谐自然的景观风貌，实现景观与周边生态环境的有机融合，成就水利景观工程的精品佳作。

1. 建筑景观

传统的排涝泵站多注重实用功能而忽略外观艺术，因此建筑物大多比较传统，三堡排涝工程在设计过程中，除充分考虑实用功能外，还将绿色、生态的设计理念，贯穿于建设始终。它以沉稳庄重的灰黑色为主色调，外立面使用玻璃幕墙，建筑南侧设计成起伏的波浪状，象征着钱塘江翻涌的浪潮。在外观上犹如在钱塘江上逐浪前行的巨轮。同时在工程的地面部分，利用植物与景观小品，造就良好城市绿地景观，将三堡排涝工程打造成为一个水利特色景观。

2. 植物景观

为了与建筑风格相协调，突出建筑的高端品位，工程在植物配置上，以品种多样的植物、丰富多彩的造景手法，营造出整体恢宏大气、局部婉约精致的别样园林风情。植物配置讲究的是层次错落有致、季相色彩丰富多变、天际线分明起伏、林缘线和草坪线视觉流畅，遵循大自然本身多样性、群落性、生态性的原则，营造出对比强烈、富有节奏和韵律感的园林景观。其中，高层主要用榉榆、

[①] 本节景观设计内容主要参考了陈浩、魏建芬、李剑、华裕凯、吴光洪创作的《杭州三堡排涝工程景观设计思路与创意赏析》，《杭州水利科技》2019年第3期，第61—63页。

香樟、朴树、银杏，中层用桂花、红枫、鸡爪槭、白玉兰，低层用红梅、石楠、红花檵木、结香等，在有限的空间里，营造出变化多端的园林景致。园区边界四周形成高大树木、低矮灌木、花丛、草地，层次丰富的景观。乔灌草的合理搭配促进植被系统的生态稳定性，构建和谐有序、稳定多样的整体绿化带景观。

园区内选用雪松、香樟、金桂等作为常绿背景树，以达到四季常绿的景观效果。在植物配置上满足四季有花、四季有景可观的要求。春季樱花盛开时节，远远望去，繁花满树，似雪非雪胜雪；红叶石楠冒出鲜艳的新叶，火红一片点缀于一片绿景之中。少花的夏季，园区各处栽植的紫薇，颜色艳丽，品种繁多，花期超长，有很高的观赏价值。秋季，桂花香飘满园，银杏扇形的叶片变得金黄，鸡爪槭则转为鲜红色，色艳如花，灿烂如霞，黄山栾树那酷似串串灯笼的红色蒴果与鲜黄色秋叶交相辉映，黄与红的色彩搭配使秋季的景观更富有活力。冬季万木萧索，而园中的梅花悄悄傲立枝头，幽香阵阵，雪松苍翠如故，巍然挺立，不枯不憔。春风夏雨秋月冬雪，一年四季，季季皆有景。

3. 空间布局

整个场地边缘采用多层式的植物结构强调大的空间边缘，利用树墙与行道树的结合使得园区的绿带景观与人行道、车行道有了良好的融合，又使得园区围合成一个密闭的绿地空间。

（1）中轴对称的整体布局

三堡排涝工程的整个园区融合西式秩序与东方礼仪，自北向南的中心广场中水体景观、大片开阔平坦的草坪、列植的树阵、修建规整的绿篱全都是近乎中轴对称，总体上显得均衡、方正、严肃、有序。不论是起伏变化的地形、波澜的水景、大面积的草坪、看似随意却富有走势韵律的园中小路等造型都是人工几何形体。集中性、序列性，与规则轴线关系和谐呼应，突显出仪式感和层次感。

（2）植物与水体的空间搭配

工程南侧建有规则式的一大一小两个水池。大的景观池包围着泵站的出水池。景观池池底为阶梯状，单一中又富有变化，使用钢化玻璃作为护栏，在防止游人翻越进入地下出水池的同时又丰富了广场景观。水池周围用满铺的草坪包围，营造疏朗大气的广场空间。道路两旁的规则式花坛中种植着日本晚樱，春天来临时，花瓣飘零，带给人无限的遐思。而尺度较小的长方形水池，考虑到水面的大小，在植物景观设计上讲求精致的效果，栽植体量较小的睡莲作为点缀，使得整个南区广场形成视线开阔的空间。

工程北侧是泵站的进水池，采用四季桂与月季作为水池的绿篱。四季桂四季开花，花开时暗香缥缈，同时在道路外围栽植朴树、女贞、香樟等乔木，配合杨梅、二乔玉兰、紫薇等中层植物，再加上灌木与地被的搭配栽植，这样多层次的配植设计能够很好地强化空间边缘，使之形成一个围合空间。

（3）植物与地形的空间搭配

疏林草地是杭州园林植物造景的主要手法之一，三堡排涝工程室外景观工程采用树林布置与大面积草坪活动空间布置相结合的方式，再加以人造微地形创造疏林草地景观。在植物配置上讲求简洁大方，草坪内栽植香樟、金桂、鸡爪槭、红叶石楠等植物形成树体高大、树荫疏朗、花叶色彩俱美、季相丰富的树群，或以孤植的形式展现高大乔木的树形树姿，并以自然的方式栽植，做到疏密相间、错落有致。大面积草地空间的设置能够满足人们休憩、游览等活动需求。植物与地形的结合，创造了丰富的空间效果和景观层次。起伏变化的人造缓坡为植物景观创造宜人的观赏条件，设计时结合灌木丛、树群等形式，细化大尺度的空间环境，从而达到大中见多的景观视觉效果，为人们增添观赏趣味。

排水站夜景

（4）植物与道路的空间搭配

利用植物树形的大小、高度及植物的姿态、栽种的疏密程度，创造出围合或开放的空间，形成多变趣味的道路景观。曲折的园路两侧以自然式配置种类多样的园林植物，种植有疏有密，有花可观、有叶可赏，形成丰富多彩的路景，达到"步移景异"的空间效果。遵循"金角银边"的原则在道路交叉口与转弯处设计组团的红叶石楠球，起到障景的作用，增加空间尺度对比的同时还能引导游人前行，在园路与树林草地连接处还留有缺口用作透景线，使得游人还有远景可观赏。在特定的空间中设计种植一定体量的单一品种植物，如日本晚樱、银杏、梅花等，使得各个分区的植物景观特色鲜明。通过植物的相互烘托，从而到达各个空间之间相互联系和扩展空间的效果。

4. 细部设计

（1）银杏树阵

大规格造型植物的应用，起到画龙点睛的作用。尤其是项目南区中心广场，采用大面积丛植胸径28厘米的银杏，将银杏整齐紧密地栽植在一起，其树冠彼此相连形成一个整体外轮廓线，从而表现出艺术上的整体美。其树干端直苍劲，树姿雄伟壮丽，苍翠挺拔。其叶形如折扇，翠绿莹洁，奇特优美，颇为美观。树体肃穆壮丽，古雅别致，炎夏枝叶繁茂，绿荫蔽日，晚秋果实累累，一片金黄，给人以华贵典雅、大雅别致之感。银杏集树形美、叶形美、内在美、人格美于一身，将自然景观与人文景观融为一体。

（2）樱花大道

在工程西侧，道路两旁栽植日本晚樱作为行道树，打造特色春景——樱花大道。3—4月樱花盛开时节，几十米的大道上，樱花树开满樱花，花繁艳丽，满树烂漫，如云似霞。放眼望去，大片粉白色的樱花在微风的吹拂之下漫天飞舞，犹如郁华笔下"鞭丝车影匆匆去，十里樱花十里尘"之景，美不胜收。往近处一看，它们一簇一簇地群放，像是一群群可爱的娃娃，争先恐后地让人们来观赏自己的艳丽风采。

（3）红叶夹道

走在曲折的小路上，经过一个转角，映入眼帘的是整齐列植的鸡爪槭。鸡爪槭叶形美观，入秋后转为鲜红色，色艳如花，比晚霞还要灿烂，比红云还要绚丽，让人尤感美丽多姿，是优良的观叶树种。夹道而植的鸡爪槭，展现了秋天特色的红叶景观，引人入胜。

（4）幽径探梅

在南区中心广场的西侧，小面积遍植梅花，形成特色的幽径探梅景观。宋代著名诗人、唐宋八大家之一的王安石有诗曰："墙角数枝梅，凌寒独自开。遥知不是雪，为有暗香来。"诗词描述的正是梅花，可见梅花景观的重要性。在严寒中，梅开百花之先，独天下而春，是为早春带来生机勃勃的主力军。梅花以三两株组合栽植的方式，与灌木高大乔木形成一个个小的组团，每个组团又通过散植的梅花串联在一起，形成连续而又间断的景观，引得人们嗅着梅香沿着幽径步步探寻梅花的傲骨之姿。

秉承精益求精的匠心精神，运用独特的造园技术，通过新技术的运用，营造出简约大气、和谐自然的景观风貌，实现景观与周边生态环境的有机融合，成就了水利景观工程的精品，现已成为杭州水利工程的一张名片。

（二）文化设计

1. 杭州市水利科普馆

科普馆布展面积约1500平方米，全馆以"水与杭州"为主题，有"序厅""水之利""水之治""水之苑""水之灵""水之梦"六大展区，从杭州水利辉煌的过去、璀璨的现在和美好的未来，讲述了江、河、湖、海、溪、泉、井多水共导，城水共生的杭州水故事。

（1）序厅

序厅馆名墙以西湖的四季为主题背景，以动静结合的"水文"形态展示大自然赋予杭州最丰富、美好的水文资源。展墙下高低起伏的水波浪寓意杭州作为历代治水的先锋之城，不断前行，勇立潮头的城市特性。杭州水利科普馆七个大字摘取了杭州"老市长"、治水名人苏东坡先生的书法笔墨，增强展馆的人文气息。

（2）水之利

该展区由杭州水情、杭州水利简史及杭州水灾害等内容组成。水情区域设置了杭州水系互动体验装置，通过脚踩感应点触发感应系统在大屏上播放相应的水系情况介绍，以互动、趣味的方式全面了解杭州水系的组成情况。历史区还收集了良渚时期、元代、清代、民国等时期水利相关的文物、历史手稿资料，提升展馆的水利历史文化内涵。

（3）水之治

充分利用泵站厂房U形长廊，采取图片、视频、模型、互动等表现形式，从江、河、湖、海、溪、泉、井等方面介绍新中国成立以来杭州水利建设成就。

（4）水之苑

展区主要陈列了杭州及所辖区县的水利志，收集了《杭州的水》《杭州全书》等与杭州的水及水文化相关的书籍资料，供观者阅读品鉴。

科普馆"水之治"展区

（5）水之灵

水之灵波浪墙，以杭州的三大世界遗产为依托，展示湖之灵——西湖、韵之灵——运河、城之灵——良渚文明等三大文化遗产与水的关系，以及带给杭州的自然魅力、人文底蕴及世界认可。水之灵，是以历史为鉴，道出了杭州水利的古往今来，至今仍旧是占据着杭州人文的核心地位。

（6）水之梦

通过270度三折幕影院，放飞身心，畅想未来，身临其境的体验智慧水利对人民生活带来的便捷。

2. 室外水利文化公园

室外区域设有一个集休闲、教育、科普于一体的水利文化公园，有杭州市

室外水文化公园

水系图艺术石雕，让民众了解杭州水利全貌；有樱花大道、银杏林、荷花池、喷泉等优美的生态水景观；有见证水利发展历史的水车、水碓、水磨、桔槔、水排等十多种古代水利器具模型；有古代水利设施介绍以及为杭州水利发展做出卓越贡献的水利名人生平事迹介绍，人水和谐、水景合一。

二、软件建设

三堡排涝工程丰富了水文化的内涵，承载水文化底蕴，贯彻新时代水文化建设新发展理念，为构建水利新发展格局提供了有益的探索，以实际行动为新阶段水利高质量发展提供了水文化支撑。

（一）管理文化

管理单位杭州市南排工程建设管理服务中心（以下简称"南排中心"）采取全物业化管理模式，围绕"规范运行、精细管理、争创一流"的目标，把握两个关键，立足三个突破，强化四个保障，落实五个监管，扎实抓好工程标准化管理。

一个目标——规范运行、精细管理、争创一流。

两个关键——抓安全运行、抓设备维护。

三化融合——标准化管理工作做到全员参与，全程监管，全面推进，重点抓好规范化、精细化、信息化三化融合，达到数据集成，信息共享，优化管理流程，实现规范化操作，清单式管理，动态型监管，提高标准化管理实效。

四个保障——机构人员保障、管养经费保障、管理制度保障、硬件设施保障。

五个监管——平台动态监管、日常巡查监管、季度考评监管、年度评估监管、外部监督监管。

（二）科普宣传

近年来，南排中心积极结合"3·22"世界水日、全国科普日等重要节点，以多样化的宣传手段开展科普宣传活动。

开展实践、研学等活动。招募小小志愿者，提供科普、宣传培训，指导学生参与科普宣传；面向全市中小学生开展寒暑期青少年实践活动服务，宣传科普水利文化、弘扬水利精神；连续举办四届"节约用水 我有'画'说"少儿节水绘画比赛，让孩子们用绘画体现节水理念，宣传科普节水知识；打造"亲水之旅"研学品牌，2022年累计开展21场研学活动，以水利科普助力双减，让童心筑梦绿色生活。

钱塘江潮互动体验装置

举办展览、直播和论坛。举办"绿水逶迤来 青山相向开" 杭州林水百项成就展、"坚持节水优先 建设幸福河湖"图片展、"治水兴水润钱塘 江河安澜惠民生"杭州水利工程建设展、"治水兴水惠民生 护航发展促共富"等展览活动；开展"共护母亲河 携手迎亚运"世界水日活动；开展"探访杭州水利科普馆 解密城市排涝密码"直播、"数字赋能 智慧管理"泵闸站技术与管理高峰论坛、推出360掌上科普馆。

开展志愿服务活动。组织科普活动进社区和校园志愿活动，开展"防汛安全教育和节水"科普宣传进校园、"惜水 爱水 节水，我们携手同行"、"迎亚运 学雷锋"、"节水抗旱 从我做起"等不同主题科普宣传志愿活动进社区和校园，科普宣传志愿服务活动约150人次每年。

科普馆水之梦展区内的互动抢答装置

三堡排涝工程进一步发挥了水利工程的外延价值，管理单位将继续深入学习习近平新时代中国特色社会主义思想，不断总结杭州水利发展经验，讴歌水利建设成就，把杭州水文化的保护、发掘、弘扬的工作做好，更好地满足人民群众日益增长的文化需求，为浙江水利事业发展做出积极贡献。

【延伸阅读】

● 杭州三堡的得名

在杭州钱塘江边，有许多叫堡的地名，尤其是以数字的堡，如三堡、四堡、五堡等，其得名与钱塘江海潮有关。由于钱塘江海潮规模巨大，沿海地区除修建坚固的海塘外，还需在潮来到来前加强守卫。为此，清朝时当地官员发动百姓从望江门到海宁一线沿江筑堡，以便随时通报潮信或洪水情况，其作用类似于长城的烽火台。这样从一堡一直造到二十三堡。如今，由于钱塘江改道，一些地名已经不复存在，但还有一些留了下来，三堡就是其中的一个。

● 三堡船闸与运河

三堡船闸位于杭州市上城区三堡社区，与三堡排涝工程紧邻，是京杭大运河最南端的起点，也是京杭大运河与钱塘江沟通的枢纽。三堡船闸由一线和二线两个船闸组成。一线船闸长 160 米，宽 12 米，可通 300 吨级船舶，年过闸货运量为 350 万吨，于 1989 年 2 月正式通航运行。二线船闸长 200 米，设计年过闸货运量 549 万吨。

三堡船闸的建成，结束了江河相望、咫尺不通的历史，不仅揭开了浙江省内河航道建设史上崭新的一页，也开创了大运河航运的全新篇章。

● 杭嘉湖南排工程

杭嘉湖南排工程位于浙江省东北部嘉兴市，是治理太湖 11 项骨干工程之一。工程由长山闸、南台头闸、上塘河闸、盐官卜河站闸 4 项枢纽以及与之相接的 4 条排涝骨干河道和其他配套水工程所组成。4 项枢纽闸孔总净宽 144 米，泵站装机 8000 千瓦，设计闸排最大流量 1700 立方米每秒，泵排流量 200 立方米每秒，河道总长 192 千米。工程自 1974 年批准新建，至 2000 年全部建成，在杭嘉湖东部平原区初步建成新的排水格局，也为三堡排水泵站的建设提供了宝贵经验。

考亭水美城全景

12 水脉文魂水美城

【概述】

考亭水美城位于福建省南平市建阳区，是南平市在推进水美城市建设过程中，以朱子文化为核心，结合本地山水风光、民风民俗、非遗工艺等特色主题资源，着力打造的集研学旅行、亲子休闲、夜游观光、运动健身、康体疗养、休闲购物、节事活动、农耕体验于一体的4A级旅游景区。工程主动融入城市建设，将"生态美"与"百姓富"有机融合，在较短时间内实现了水清、岸绿、景美，成为建阳居民休闲、锻炼、健身、康养的好去处，同时给当地村民脱贫致富提供了条件。

【兴修背景】

一、工程建设需要

考亭村地处南平市建阳区西郊，麻阳溪与崇阳溪交汇口上游，是一个背靠青山、三面临水、风景清幽、民风淳朴的小村子，于2006年入选"福建最美的乡村"。

20世纪70年代初，建阳县（即今天的建阳区）投资在麻阳溪口建设西门电站，形成了长近10千米、面积约3.5平方千米的水库，称"考亭湖"，当时两岸绿树葱茏，湖水清澈。但20多年来，因工程老化、管理失衡，库区生态环境出现了诸多问题：一是库区淤积，库容减小，水体自净能力下降；二是临河违建、乱扔垃圾、排污水等现象屡禁不止；三是葡萄种植缺少规划，造成较为严重的面源污染；四是造纸厂等工业企业排污严重；五是两岸林地偷伐严重，造成水土流失。种种不利因素叠加，考亭湖脏、乱、差、黑、臭现象突出。

2014—2015年，南平市决定对西门电站增效扩容，这必然会改善电站周边的生态环境，以及考亭的村容村貌。

麻阳溪建阳区段

二、城市发展需要

建阳位于南平市中心，是福建省建制最老的县之一，在新中国成立后曾两次成为地区行署驻地。但行署南移后，建阳经济社会发展缓慢。21世纪初，南平市确定了"南城北旅"的总体部署，决定将行政中心迁入建阳。撤县建区后的建阳主城区扩大，城市面貌发生了较大变化，但主城区缺乏大型综合性文化场所，给百姓生活造成不便，亟须改变。

三、乡村振兴的需要

考亭村与建阳区近在咫尺，但长期以来，由于城乡公路不配套，导致这里交通不便、经济落后。南平市行政中心迁入建阳后，修建了从建阳到考亭的公路，使考亭由一个偏僻的小山村变成与地级市行政中心无缝对接的新农村。南平市委市政府遵照习近平总书记"绿水青山就是金山银山"的嘱托，在全国率先提出"水美城市"概念，决定依托麻阳溪水体，将考亭村打造成"水美城市"示范区，以及新南平的城市后花园，助力考亭村社会经济高质量发展。

四、文化自信的需要

考亭村是宋代理学大师朱熹的晚年定居之地，也是他创办最后一所书院——考亭书院，并著书讲学、传道授业、形成闽学和考亭学派的地方。如今考亭村仍存有明嘉靖年间修建的石牌坊，文旅资源十分丰富。但由于种种原因，这里文旅资源没有得到挖掘，文旅产业没有得到发展，考亭村与朱子的关系鲜为人知。

党的十八大以来，党中央提出文化自信战略。充分利用考亭村独特的山水田林湖草方面优势，在发展水美经济的同时，挖掘文旅资源、弘扬民族文化，成为南平市各方共识。

这些都为考亭水美城的建设提供了条件。

【建设历程】

2011年以来，部分人大代表在南平市人代会上相继提出《关于将考亭村生活垃圾纳入市环卫部门管理的建议》《关于加强水生鱼类资源保护的建议》《关于将考亭村农业灌溉用电线路纳入市供电公司的建议》，呼吁市政府加强考亭生态村建设，开发乡村旅游，推进绿色发展。

2012年，考亭入选全市绿色村庄建设试点村，全面启动绿色村庄景观提升工程。按照"修旧如旧"的原则，实施改房、改水、改厕、改路、改环境等"五改"工程，同时新建休闲广场、西郊绿道等旅游配套设施，在村子主要道路两侧建设绿篱，种植杜鹃花、金叶女贞等观赏类乔灌苗木2万多株、近1500平方米，引导村民在自家房前屋后种植桃、梨等乡土树种，使生态农业和景观建设有机融合，形成了以绿为带、以绿衬景、以绿秀水的乡村田园景观。

2015年，伴随着西门水库的改造，考亭村的水生态和水环境有了极大提升。2017年，建阳区依照"水美城市"规划，对崇阳溪与麻阳溪汇合段实施河库连通工程，同时实施水利PPP项目，以及以观书园、考亭书院为代表的文旅项目，考亭水美城的建设走上快车道。

到2019年，考亭水美城主体工程基本建成。

【工程简介】

一、工程概况

建阳考亭水美城位于南平市建阳区，占地面积约1333公顷。主要由考亭河库连通工程、水利PPP项目及考亭书院、考亭古街、中国特色建盏文创园、卧龙湾朱子游学基地等13大项22个子项目组成，其中河库连通工程、水利PPP项目和观书园、考亭书院是水美城的核心工程。

（一）河库连通工程

建阳区崇阳溪与麻阳溪汇合段河库连通工程，起于西门电站，止于考亭浮桥，为中央投资水利项目。主要内容包括：生态护岸1.55千米、湖心堤路1.35千米、休闲步道长2.9千米、宽7米，亲水平台7座，桥涵3座，河岸整治绿化165亩，栈道长575.5米、宽3米，公厕3座，凉亭8个，以及河道疏浚等。工程于2018年7月开工，2019年12月完工。

（二）水利 PPP 项目

主要包括流域综合治理、两岸慢行道建设、道路桥梁建设、书院小镇—民宿文化村，油岩山翠屏山森林生态旅游基础设施等。这些项目，在麻阳溪左岸建设共计约 5 千米防洪堤及生态护岸；以河道左岸 15 米范围内土地为主，在局部地区结合规划考虑滨水节点，建设生态景观修复面积约 6.7 公顷；在麻阳溪右岸建设面积约 30 公顷湿地公园（不含河库连通项目，则面积约 10 公顷）。

滨水公园

（三）文化旅游项目

即考亭旅游度假区，共分为五大核心片区——建盏文化旅游街区、建盏文化创意园、考亭书院、考亭古街及武夷花花世界景区。

1. 建盏文化旅游街区

以建盏文化为主题，集工艺展示、艺术创作、鉴赏交流和产品经营于一体，拥有店面 250 多间，主营建盏经营户 130 余家，入驻"建窑建盏非物质文化传承人"14 名，建盏工艺大师数十名。

2. 建盏文化创意园

集建盏文化研发设计、

建盏文化创意园

艺术创作、加工制造、品牌营销、会议博览、休闲体验、科普教学于一体，是国家特色文化产业示范区、国际建窑建盏文化旅游目的地。园区内设有综合服务中心、建盏文化展示中心、建盏生态资源运营中心、建盏交易中心、建盏精品酒店、龙窑、大师工作坊等项目。

3. 文公渡、观书园、考亭书院

为考亭水美城的主体文化建筑，也是整个水美城的中轴线。从麻阳溪旅游码头上岸，经开放式的文化广场观书园，穿过"闽学渊薮"牌坊，逐级登上考亭书院大门。考亭书院亦遵循中轴线对称原则，由集成殿、道源堂、庆云楼等仿古建筑群构成，具备讲学、藏书、祭祀三大功能，是弘扬朱子文化、举行重大祭祀典礼的理学胜地。

4. 考亭古街

以再现大宋"清明上河图"和"东京梦华录"为宗旨，以繁华市景的形式，融入非遗文化、武夷物产、南平美食、潮流艺术以及两岸文创等文化商业项目，通过沉浸式互动体验方式，打造独具考亭特色的宋文化主题商业街——武夷梦华录。

考亭古街

5. 武夷花花世界景区

前身为"鑫开心农场"，总占地面积约40公顷，景区以花仙子寻找爱情和幸福为故事线索，将上百亩百余种不同花卉制成的将花雕、花毯、花丘、花澡、花海、花艺集成在一个园内，是一个融观赏、游览、餐饮、科普、购物、娱乐、休闲为一体的综合性艺术花园。

二、工程特色

考亭水美城是在南平市行政中心转移过程中，以水美城市建设为依托，以挖潜朱子文化为重点，全力打造的集研学旅行、亲子休闲、夜游观光、运动健身、康体疗养、休闲购物、节事活动、农耕体验于一体的4A级旅游景区。它的建设重点在于文化与经贸，这与我们以工程为主体水文化项目有很大不同。

三、工程效益

考亭水美城的建设，彻底改变考亭村的防洪现状、生态环境和人文现状，使原本贫穷、落后，生态恶化的偏远乡村，蜕变为水清岸绿、生机盎然，而且充满人文情怀的现代化的新农村，以及广大南平市民休闲娱乐的城市后花园。对全村及周边地区社会经济高质量发展，对当地农村繁荣、农业发展和农民增收，均发挥了重大作用。

（一）防洪效益

考亭水美城对淤积严重的西门水库及河道进行了清淤疏浚，提高其蓄水与过水能力；对以往毁损严重的堤防进行整修加固，提高了其防冲防浪的能力。

（二）生态环境效益

考亭湖与建阳城区相连。常年来，由于河湖利用与保护失衡，超标排污，渔业围垦，违建侵占河道等现象严重，河岸脏乱，河道黑臭，生态恶化等问题日益凸显，水质常年为劣Ⅳ类水，人民群众对改善考亭湖水环境的呼声高涨。

在水环境方面：河库连通工程，提高了水体自净能力。数据显示，考亭村下游的建阳西门电站国控断面，2017—2020年断面年均值水质均达到Ⅱ类标准。该区域单元水质时间达标率为100%，单元水质空间达标率100%，水环境承载力指数为100%，水环境承载能力大大提高。

在水生态方面：通过退养还滩、污染拦截净化和湿地建设，为水生动植物群落构建了适宜的生态环境，维系了生物多样性。

（三）社会效益

水美城的建设，为福建增添了一处著名的文化旅游品牌，为南平市民提供了高质量的文化休闲场所，为考亭村的社会发展、农村振兴奠定了基础。

以武夷花花世界旅游区为例。其经济效益表现在：一是变废为宝，景区原为建阳二监农用地，荒草丛生，景区开发紧扣生态保护、存留湿地和综合农园建设，通过旅游＋文化＋农业模式，把传统种植业提升为采摘休闲、科普教育、美食制作、农业文化等新型业态，配套打造七色花海、花博馆、萌宠乐园、百鸟园等项目，实现农业高质量发展。

武夷花花世界

（四）社会效益

水美城的建设，还带动农民增收，经济效益较为突出。

考亭村原是"福建省葡萄第一村"，村民们以种植葡萄产业为主，收入不高。水美城建成以来，到考亭村观光、旅游的游客及本地市民数量激增，带动当地商贸、休闲、餐饮、住宿等第三产业的发展。据统计，考亭村现已建成家家乐40余家，旅游从业人数850余人，村民间受益覆盖面90%以上，考亭村民人均年收入达4万元以上，较过去有明显提升。

四、工程荣誉

考亭水利风景区于2021年入选国家级水利风景区。考亭书院为中共福建省委党校、行政学院现场教学点、中国社科教育国际工商管理博士班教学基地、福建省中小学生研学实践教育基地、集美大学文学院教学实践基地、武夷学院教学实践基地、南平市少先队校外实践教育基地、建阳一中学生社会实践基地、2023—2025年度地平市社会科学普及基地等。

【文化解读】

"水安为先，因水而美，由美而富，富而文明"是考亭水美建设的总方针，也是其水文化的突出特色。

一、水安为先的工程水利

保障水安全，尤其是防洪安全，是现代水利工程最基础的要求，也是考亭水美城建设必须考虑的第一要素。考亭水美城在建设过程，始终坚持水安为先，把确保百姓生命财产的防洪安全，放在最为重要的位置。

考亭水美城位于西门电站库区，其建设以电站的升级改造为基础，建阳区在保障电站安全运行的同时，实施水库和拦河坝投保项目，对全区45座小型水库、321座拦河坝进行投保，提升抵御损毁的能力。同时，建立公益性水利设施社会化管护机制，将水库、渠道、防洪堤的日常管护以购买服务的方式委托给社会化第三方，解决水利工程重建设轻管理的问题。

二、由水而美的生态环境

在水安全得到保障之后，水资源与生态环境就是现代水利必须关注的重要问题。

在较长一段时间，由于重建轻管，以及周边企业、农民、市民排污，西门电站库区存在严重点源、面源污染，生态环境较为恶劣。建阳区在建设考亭水美城时，牢记习近平总书记"绿水青山就是金山银山"的嘱托，将水资源与水生态环境整治放在重要位置。首先实施河库连通工程，让水体活起来，增强自净能力。此后结合麻阳溪两岸水文特征和河岸条件，建设生态护岸、生态缓冲带，构建绿色安全的生态屏障。从2016年起，又严格落实河湖长制，铁腕治污、重拳治水、水陆同治。先后开展河道清淤、畜禽养殖污染整治等专项行动，拆除涉河违章建筑2615平方米，对13个入河排污口进行彻底整改。建好污水处理、配套管网等防治设施，构建良性循环的水系，增强水体自净功能，改善流域水质。

在水生态方面，落实生态修复、城市修补的城市"双修"理念，结合山水林田湖草生态保护项目，加强对麻阳溪流域生态保护。实施了麻阳溪生态景观修复等9个重点项目，以无人机巡河、由群众组成护河联盟等方式，加强巡查保护水生态。

水清岸绿考亭湖

三、由美而富的民生水利

国之大者，民生为本，水利也是如此。

考亭水美城始终将改善民生为己任，把项目作为水美城市建设主抓手，在水美城建设中多放与农业发展、农民振兴、农民增收相关的项目。他们着力造景、借景、留白，统筹布局，串联景点，借力承办南平第三届旅游发展大会，建成考亭书院、建盏文化园、古街、观书园、环湖柳堤等21个"水美+文化"重点项目，考亭片区面貌焕然一新。还采取PPP模式，策划实施两岸慢行道、道路桥梁、书院小镇、民宿文化村等，引导社会资本参与。通过人文、生态、滨水、公园等多元投入，为考亭村民们提供就业机会、创收渠道，取得较好效果。

四、富而文明的文化水利

文化是一个民族的根和魂，也是水利工作最终的根和魂。党的十八大以来，党和国家高度重视文化建设，提出文化自信战略，并在助力水利大发展大繁荣的同时，推动文化的大发展大繁荣。

考亭是朱子教学之所、终老之地，也是考亭学派、闽学重要的发祥地之一。但在很长一段时间内，由于种种原因，建阳区的许多水工程结构单一、外观单调，缺乏文化意味，考亭深厚的文化底蕴也鲜为人知。

考亭水美城在规划、设计过程中，始终将弘扬文化自信，尤其朱子文化、建盏文化、武夷文化、宋文化为己任，并将这些文化元素渗透于工程建设的方方面面，从而使工程的文化品位得到较大提升，也吸引众多市民、游客纷至沓来，真正做到了水工程与水文化的有机融合。这点我们在下面有详细介绍。

【水文化建设】

一、硬件设计

建阳考亭水美城占地面积约 2 万亩，建设用地 6687 亩，总体规划为一湖、二山、四园，为风景优美、环境友好、人水和谐的国家级水利风景区。

（一）水利风景园区设计

建阳考亭水利风景区由三个板块组成，分别为阙里水街、宝莲承晖、理学圣坛，呈层层递进关系。

1. 阙里水街

西门水电站是由建阳进入考亭村的必经之路，在此设置阙里水街，主要包括廊桥凌波、清溪问道、文化宋坊三个单元。

（1）廊桥凌波

将西门电站大桥外形由传统石桥改建为造型优美、飞架水面的闽北传统廊桥，在上面设置观景平台，人行其上，远观水面如凌波微步，成为一道独特的风景线。

（2）清溪问道

在西门电站大桥与阙里水街之间，利用山环水绕的地貌特点，构筑蜿蜒前行的环溪栈道，以朱熹"问渠那得清如许，为有源头活水来"诗意为题，以滨水栈道、贴山石雕、壁刻长卷等内容构成水街导向空间。

（3）文化宋坊

以水道为轴，构建仿宋街道，活化展示宋代建阳地区的建茶、建盏、建本、建锦等历史文化要素。

2. 宝莲承晖

以宝莲广场为核心，形成水街与朱子文化园的空间转换。广场主要景点也为三个：一是"百莲图"，即广场铺设表面雕刻出形态各异莲花图案的花岗石，营造"步步生莲、朵朵承晖"的文化景观；二是闽北宋代文化博物馆，集中展示闽北地区宋代的辉煌文化；三是贤关桥，位于广场南侧，横跨水面，以廊桥的形式展现历史上考亭书院的"贤关路"，并与旅游区最北端的渴贤桥相互呼应。

3. 理学圣坛

主要由新安溯源、文公礼祭组成。

（1）新安溯源

新安为古徽州地名，是朱熹的祖籍地，对朱熹思想影响至深。此处建筑吸收徽州村落民居山环水绕的特色，并在中部设置云影台与思源台，营造出"天光云影共徘徊"和"为有源头活水来"的意境，使游客进入对朱子理学文脉之源的思考。

（2）文公礼祭

以考亭书院纵向为中轴对称，纵深多进的院落形式，营造一组带有祠庙祭祀功能的大型建筑物，空间由外而内，从低到高，分别有外部前导空间、门区过渡空间、书院讲坛空间、室内祭祀空间。建筑物轴线严整布局，步步抬升，从视觉和心理上提升游客对朱子的崇敬。

（二）文化园区设计

文公渡、观书园、考亭书院，是考亭水美村的中轴线，也是最重要的文化元素。设计者在设计这条中轴线时，有意利用麻阳溪在此向右弯曲，从而与左岸山体形成一片较为开阔且不断上升的地势特点，在缓慢上升的平坡段设立接近圆形的观书园，在较为陡峭的山坡段设置楼梯以及接近方形的考亭书院，力求再现各地学子通过水路，在文公渡登陆，通过闽学渊薮牌坊，经半亩方塘，最后登上考亭书院的线路。可谓匠心独具。

1. 观书园

位于原考亭书院旧址，占地面积 10 万平方米，与一路之隔的今天考亭书院共同形成景区中轴线，是全国最大的弘扬朱子文化的主题公园。

观书园总体景观布局为"一渡（文公渡）、一坊（闽学渊薮牌坊）、一轴（中轴线）、一环（外圈的读书环）、一心（半亩方塘）、三园（劝学园、博学园及明理园）、三广场（清晓广场、笔溪广场、明德广场）"。

观书园

（1）文公渡

位于观书园入口处，设置上下两层平台，上层为观光型平台，采用灰白色的透水混凝土作为铺装，并设置花台绿化和文化铜雕，与河库连通工程相连；下层为亲水平台，可停驻驳船。

（2）半亩方塘

位于观书园中心，为观书园的标志性建筑。整个场地层层抬高，在中轴方向上连升三级，以打开的书本作为基础，在书本中间设置半亩方塘水池，中间设置平桥。在方塘旁石刻有朱子《观书有感》千古名篇："半亩方塘一鉴开，天光云影共徘徊。问渠那得清如许，为有源头活水来。"

（3）劝学苑、博学苑、明理苑

位于半亩方塘周边，在其大理石地砖、石墙、坐凳，以及廊亭里，处处可见朱子诗词、家训等内容，生动展现了朱子的教育思想、学习方法，让游人特别是青少年在游园的过程中就能学到"循序渐进、熟读精思、虚心涵泳、切己体察、着紧用力、居敬持志"的24字朱子读书法。

2. 考亭书院

考亭书院原为朱熹于1192年迁居考亭时所建的竹林精舍，后扩建为沧州精舍。朱熹去世时，宋理宗诏赠他为太师，改沧州精舍为考亭书院，并御赐匾额。在元明清三朝历经多次重修。后因年代久远，风雨侵蚀而倾倒。

考亭书院

2016—2019年重建的考亭书院，位于考亭水美城中轴线最高处，占地60亩，建筑面积9200平方米。以考亭书院历史旧制为蓝本，建新如旧，分为祭祀区、展示区、研学区和管理区等四个主要功能区，主要建筑包括集成殿、道源堂、庆云楼、清邃阁、燕居堂、碑廊等，具备朱子理学弘扬、举办重大祭祀仪式、教学研讨基地等功能。

二、软件建设

建阳区委区政府始终坚持以习近平生态文明思想为指导，认真践行"两山"理论，积极加大考亭风景区规划、建设与管理力度，水资源得到有效保护和利用，旅游功能日益完善，生态环境保护和管理服务质量显著提高，风景区知名度、美誉度不断提升。

（一）注重水景互动，彰显人文底蕴

一是挖掘文化内涵。把文化作为水美城市的灵魂，发挥建阳千年古县、南

闽阙里、建窑建盏之都优势，因地制宜把建盏、朱子理学等建阳独特文化元素，渗透嵌入到水美城市项目中，体现在景区建设、建筑风格上，赋予水美城丰富的地域文化内涵。

二是坚持文旅融合。立足文化特色，打造"书香建阳·理学名邦"差异化旅游品牌。以考亭书院为载体，以朱子理学文化为核心，以国学、游学等为抓手，举办朱子研学、朱子周年祭祀、"考亭讲坛"等活动，丰富朱子旅游文化产业外延。挖掘释放搬迁红利，发挥紧邻武夷山双世遗优势，以文化来拉动旅游，以旅游来促进文化。

三是推进"全域水美"。推动水美城市向水美乡村延伸，依托武夷山国家公园品牌优势，规划布局环武夷山国家公园水美经济带，串点连线成片，打造"武夷秘境、百里绿谷"麻阳溪流域文旅融合产业带，促进旅游全域发展。打造麻阳溪、罩阳溪、南浦溪流域3条水美经济带，既形成长期持绳有效投资拉动，又带动旅游、康养等产业发展，打造绿色经济。

（二）彰显山水价值，促进产城融合

一是拉开发展框架。主动对接中心城市规划编制，把考亭水美城与西区生态城相衔接，优化城市生产生活生态空间，健全"吃、住、行、游、购、娱"各类设施，建设"三江六岸"生态修复、"十纵十横"交通路网等52个市政基础设施、公共服务配套项目，拉开城市框架，拓展发展空间，建阳城市建成区面积从12.8平方千米扩大到34平方千米。

二是发展新型业态。引入优质资本对考亭书院、考亭古街、麻阳溪夜游等景点进行优化提升，激活文化、旅游、商贸等业态。发挥建盏文创园作用，推进"建盏生态银行"建设，建成"一基地、两平台、三中心"，启动经营运作，强化瓷土资源保护，推动建盏行业规范化发展。打造武夷山水品牌产品展示平台，建设"建阳建盏文化直播基地"，让游客感受地球同维度生态最佳区域的优质产品，带动建盏、橘柚、葡萄、茶叶等产业规模化发展。

三是丰富城市内涵。找准游客兴奋点和市场引爆点，开发特色旅游产品，打造一批夜游经济、滨水休闲游等新业态，把看武夷山水、品武夷岩茶的游客吸引到建阳来。与专业运营公司合作，对考亭古街、麻阳溪夜游等景点进行优化整合，举办了第二届大武夷赶山节暨"鱼"你同乐美食嘉年华活动，活动期

间接待游客近10万人次，推动人气商气集聚，助推水美经济发展。2020年11月，"武夷山水·圣农杯"全国郊野钓鱼大赛在考亭圆满落幕，中国钓鱼运动协会授予南平（建阳考亭）国家垂钓基地牌匾。

截至2021年，考亭水美城建成三年来，举办了较多的文化交流活动，这里仅摘其重要活动简述如下。

每年一度的朱子诞辰祭祀大典。由福建省南平市朱子文化保护建设工作领导小组办公室、南平市朱子文化研究会主办，南平市建阳区朱子文化保护建设工作领导小组办公室、建阳城投集团承办，闽北朱子后裔联谊会、世界朱氏联合会协办。2018年10月，考亭书院建成不久，就召开了纪念朱子诞辰888周年祭祀暨考亭书院学术研讨会。2019—2020年又举行了889周年和890周年祭祀大典。

2019年10月25日晚，以"绿色南平、书香建阳"为主题的南平市第三届旅游产业发展大会在建阳考亭水美城隆重开幕。参会嘉宾充分利用这一平台，加强沟通交流，深化对接合作，共促文旅发展。旅发会期间，举办了大武夷赶山节、夜游麻阳溪、第三届建窑建盏文化博览会暨大武夷文化和旅游精品展及朱子理学论坛等活动，旅游接待人数和旅游收入均创历史新高。据统计，旅发会期间，建阳区旅游接待人数达到30多万人次，旅游直接收入达1.5亿元。

2020年南平市旅发会期间，建阳分会场在考亭武夷花花世界举办"春燕行动——福建乡村音乐会"文化惠民活动，丰富基层群众文化生活，活动期间吸引客流量近2万人次，拉动消费约380万元。

2020年5月30日，中国社科教育国际工商管理博士班开班仪式在考亭书院举行，全体学员参加了朱子祭祀礼。

2020年，考亭书院共举办七场朱子文化系列讲座，该讲座由南平市朱子文化研究会、中共南平市建阳区委宣传部、南平市建阳区社会科学界联合会主办。每场听众约200人。

2021年12月，首届考亭论坛在南平大剧院开幕。论坛由福建省委宣传部、福建省文化和旅游厅指导，中国社会科学院哲学研究所、福建社会科学院、南平市人民政府、武夷学院主办。首次论坛的主题为"新时代朱子学与人类文明新形态"，旨在进一步推动朱子文化创造性转化、创新性发展，建成朱子文化研究传承全国高地，持续打响朱子文化高端论坛品牌。

此外，考亭书院还先后举办了 2018 年考亭书院专家研讨会、2019 年闽学与浙学专家研讨会、中国丰收节、"5·19"全国旅游日福建省分会场·建阳百人仿宋点茶表演等重要活动。

2020 年 11 月 7—8 日，由中华全国体育总会、中国钓鱼运动协会、南平市政府主办的 2020 年"武夷山水·圣农杯"全国郊野钓鱼大赛总决赛在南平建阳考亭水美城举行。

据统计，2020 年，考亭水美城接待游客量 76 万人次，实现旅游收入 1.6 亿元，在新冠疫情的大背景下，这一成果来之不易。

2020 年全国郊野钓鱼大赛在考亭水美城举办

【延伸阅读】

● 建阳"最美河湖"——麻阳溪

麻阳溪为崇阳溪支流，发源于闽西北的武夷山南麓，自西向东贯穿建阳全境，于城区汇入崇阳溪，全长 136 千米，流域面积 1540 平方千米，多年平均流量 55 立方米每秒，是建阳人民的母亲河。

麻阳溪上游流经黄坑镇。是武夷山自然保护区的一部分，因贤者吟得"叶黄满坑金"诗句而得名。有国家级重点保护文物"朱熹墓"，已创建全境 3A 级旅游度假区。中游流经麻沙镇为北宋全国三大印刷中心之一，朱熹、游酢、蔡元定等均在此讲学、著书立说。下游的潭城街道是建阳区政治、经济、文化中心，经过治理，麻阳溪Ⅱ类以上水体占比100%，小流域水体优于Ⅲ类占比90%以上；集镇基本消除黑臭水体，地下水质量极差的比例控制在10%以内；镇区设施较完善，行政村全部建立生活垃圾治理常态化机制，70%以上行政村生活污水得到有效治理，乱占乱建、乱排乱倒、乱采砂、乱截留等"四乱"现象得到有效遏制，加上近年实施的水土保持、防洪、生态水系、文旅等诸多工程及项目让麻阳溪更加富有魅力。

● **考亭村**

考亭村地处建阳城区西南，麻阳溪西门电站库区两岸；面对翠屏山、背负玉枕峰，群山环抱，清流荡漾。现有人口约1200人，270户，辖5个自然村，7个村民小组，农田1300多亩，山地15300多亩，因巨峰葡萄是该村的主要特色产业，被誉为"福建葡萄第一村"。这里还有被《中国地理》杂志列为全国46棵古树名木之一的千年古樟树，圆心寺、卧龙湾旅游休闲度假区（国家4A级旅游景区）、国家级水利风景区、油岩山风景区、树抱佛等名胜古迹。

● **朱熹与建阳考亭的不解之缘**

朱熹是我国宋代著名的思想家、教育家，南宋理学大师，程朱理学的集大成者，他与建阳尤其是考亭村结下了不解之缘。具体而言，建阳是朱熹的求学之地、婚姻之所、学籍所在、传学之地、终老之地。考亭则是朱熹闽学集大成之地。

卜居之地——宋绍兴十年（1140年），年仅11岁的朱子在朱松带领下来到建阳，住在大潭山下表兄邱子野家中。朱松在去考亭萧屯拜访好友刘勉之的路上，对朱子说："考亭溪山清邃，可以卜居。"这就是朱子与考亭结缘的开始。

婚姻殿堂——1146年，17岁的朱子娶建阳考亭刘勉之之女刘清四为妻。

学籍之地——1147年，18岁的朱熹参加建州乡试。次年入京会试，中第五甲第九十名，赐同进士出身时，朱子在籍贯上填写：建州建阳县群玉乡三桂里。

传学之地——朱子一生以复兴书院、振兴教育为己任，亲自创建书院4所，全部位于南平市，其中三座位于建阳区。分别为位于城西的寒泉精舍、城西北的晦庵草堂和考亭书院。其中初名竹林精舍，后扩建为沧州精舍。朱子逝世后，宋理宗诏赠他为太师，改沧州精舍为考亭书院，并御赐匾额，此后考亭书院之名一直延续至今。

终老之地——1191年，朱熹因长子病逝，辞官归隐建阳。次年秉承父亲朱松遗愿，迁居考亭，并在此居住8年。1200年在此逝世，并被安葬于建阳区麻沙镇。

● **考亭学派**

也称"晦翁学派""闽学""紫阳学派"等，为朱熹创建的我国重要理学流派。因朱熹晚年长期侨寓建阳的考亭村而得名。其中的代表人物主要有有蔡元定、黄榦、刘爚、詹体仁、蔡沈、陈淳等。该学派直接继承伊洛之学，并将其发展成完整的理学体系，形成"程朱学派"，在中国封建社会后期成为官方哲学，影响极其深远。

● **西门水电站**

西门电站位于麻阳溪、崇阳溪汇合口以上约1.5千米的麻阳溪上，为低水头日调节河床式电站。坝体总长263.8米，工作桥长160米，坝高17.3米。大坝有深孔闸2孔、直升闸6孔、自动翻倒闸8孔，设计水头7.5米。坝址上游集雨面积约1570平方千米，总库容350万立方米，为小（1）型水库。电站装机3台，原装机容量2400千瓦。1966年10月开工建设，1974年5月1号、2号机组投产，1993年10月3号机组投产。近年来，电站经过多次技改，其中2014—2015年的增效扩容后，装机容量提升到3200千瓦，年均发电量1600万千瓦时。此次增效扩容，还为考亭水美城建设提供了条件。

西门电站　　　　　　　　　　　　　　李卫星　摄

（本文照片除署名外，均由南平市建阳区水利局提供）

韩江红色记忆广场

13 "左联"之旅在韩江

【概述】

韩江南粤"左联"之旅纪念堤岸整治工程,又称南粤左联之旅(以下简称"左联之旅"),上起梅州三河坝,下到汕头韩江入海口,是近年来广东省韩江流域管理局(以下简称"韩江局")为贯彻落实全省部署,在深入发掘本流域左联文化遗产、中央红色交通线和开展万里碧道建设过程中,积极探索"水利+红色文化"理念,全力打造的水文化工程。项目建设取得较好成果,得到各方的高度认同。

【兴修背景】

韩江位于广东省东部，全长 470 千米，流域面积约 3 万平方千米，是粤东地区最大的河流，与珠江水系的西江、北江、东江并称广东省四大水系，也是粤东人民的母亲河。

左联之旅线路，与广东省近年来大力发掘左联文化密切相关，与中央红色交通线的解密密切相关，也与全省蓬勃开展的万里碧道建设密切相关。

一、韩江左联历史的发掘

左联全称"中国左翼作家联盟"，是中国共产党于 1930—1936 年在上海领导创建的革命文学组织。在六年时间内，先后有 20 余名梅州、潮州及汕头籍进步青年参加左联。其中包括最年轻的常委洪灵菲和左联五烈士中唯一的女性冯铿。他们为心中的理想与民族的前途命运，走出韩江，在中国现代文学史上写下了壮丽的篇章。然而，由于种种原因，韩江左联作家这一群体鲜为人知，相关历史文化遗存保存状况也不容乐观。

二、红色交通线的发现

1930—1934 年，中国共产党总部在上海，中央苏区在江西瑞金，两者之间存在一条中央红色交通线。它从上海经海路到香港或汕头，然后沿韩江上溯到梅州的大埔，再经山路沿汀江北上到福建永定、长汀，最终抵达红都瑞金。在红军长征之前，许多党的领导人及重要情报都经由这条线在上海、瑞金间交流，被称为"摧不垮打不掉的地下航线"。因线路极其隐蔽，直到近年来才逐渐被探访出来，这条线路与左联之旅高度重合。

三、万里碧道建设的推进

2018 年，广东在全省范围内开展"万里碧道"建设，旨在以水为主线，统筹山水林田湖草沙等各种生态要素，打造一条"水清岸绿、鱼翔浅底、水草丰美、白鹭成群"的生态廊道。韩江碧道在空间上与左联之旅和中央红色交通线高度叠合。

习近平总书记在黄河流域生态保护和高质量发展座谈会上指出，要保护、传承、弘扬黄河文化，讲好黄河故事，延续历史脉络，坚定文化自信，为实现中华民族伟大复兴的中国梦凝聚精神力量。总书记对江河文化建设的嘱托，为广东省进行左联之旅文化建设，将左联文化、红色文化与韩江水利建设有机融合，提供了基本遵循。

【建设历程】

2018年国庆期间，原广东省副省长、韩江流域省级河长许瑞生在入村调研考察时，发现左联烈士洪灵菲、冯铿以及新中国一批出生于韩江流域的文化名人被人忘却，相关历史文化遗存保存现状不容乐观，提出了"利用护堤、堤岸、码头、渡口等构筑物，结合省水利厅水利建设倡导的水文化，将粤东左翼文化青年的故事用适当的方式展示出来"的要求。

在广东省政府推动下，有关部门重走韩江，历时数月，终于在喧闹城镇中找到了几近湮灭的戴平万、洪灵菲和冯铿等"左联"青年故居及生活痕迹，初步确定在韩江边打造出一条南粤"左联"文化之旅的设想。

中央红色交通线被发现后，许瑞生同志再次强调，韩江南粤"左联"之旅与红色秘密交通线之旅是广东宝贵的革命遗产，在空间上高度吻合，要求各有关单位深化丰富南粤"左联"之旅文化内涵，融入红色秘密交通线历史文化，优化线路空间布局和节点设计，将红色秘密交通线的轨迹、历史故事、重要人物事迹展示出来。

2018年底，受韩江局委托，汕头市建筑设计院承接了左联之旅一期项目的规划研究任务。它包括红棉公园、龙湖古码头和溪口古渡三个节点，于2019年3月15日开工，同年10月17日建成。

韩江河口公园建设现场

2020年初，受韩江局委托，广东省城乡规划设计研究院承接了左联之旅二期项目的规划研究任务，它包括韩汀线纪念地、韩江河口公园、韩江古水驿纪念地、赐茶公园四个节点。于2020年12月22日开工，2021年7月25日建成。

2021年，汕头市建筑设计院承接了左联之旅补充项目——韩江红色记忆广场设计任务。于2021年10月26日开工，2022年4月29日建成。

【工程简介】

左联之旅，上起三河坝，下到入海河口，长达163千米，沿途将通过韩江碧道串联戴平万故居、洪灵菲故居、陈波儿故居、杜国庠故居等众多"左联"相关历史文化遗存，以及龙湖古寨、凤凰山等自然和历史文化节点，成为一条可游、可赏、可观、可感的红色文化游览线路。

一、工程概况

左联之旅共有八个节点，沿韩江自上到下，依次为韩汀线纪念地（梅州大埔）、韩江古水驿纪念地（梅州丰顺）、溪口古渡（潮州潮安归湖镇）、韩江红色记忆广场（潮州湘桥）、红棉公园（潮州潮安江东镇）、龙湖古码头水利公园（潮州潮安龙湖镇）、赐茶公园（潮州潮安庵埠镇）、韩江河口公园（汕头澄海）。

（一）韩汀线纪念地

韩汀线即中央红色交通线，纪念地位于梅州市大埔县三河坝镇，梅江、汀

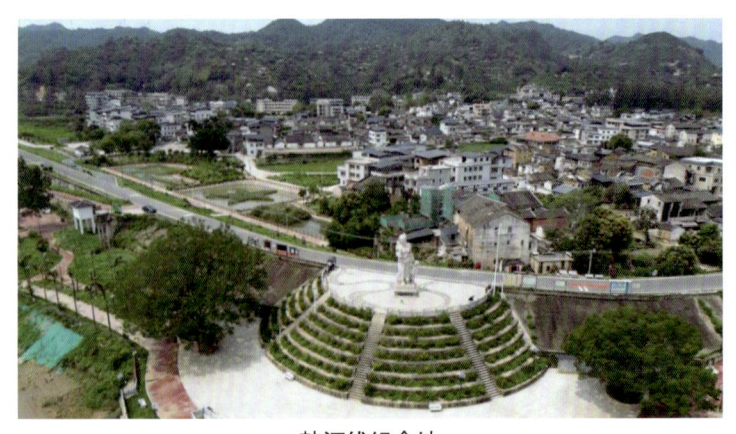

韩汀线纪念地

江汇合处，串联三河坝战役纪念馆，兼有左联与中央红色交通线的双红色主题。小广场中央铺装飘带，模拟中央红色交通线线路，并标记重要站点；石栏边上设置解说展台，普及中央红色交通线的主要内容，并为因此献出宝贵生命的交通员烈士留出了纪念版块。在小广场外的路旁，以锈钢板镌镂罗清桢、蒲风、任钧等11位梅州籍"左联"文学青年的代表作，形成书籍小品廊。

（二）韩江古水驿纪念地

位于梅州市丰顺县潭江镇韩江干流左岸，串联韩江古水驿道。古水驿纪念地围绕"韩江水运史"主题，重点展示韩江古水道上的驿站、行舟、人物故事，唤起韩江作为自古连贯闽赣、广府古水道的历史记忆，突出韩江在古代粤东交通史上的中心地位。

韩江古水驿纪念地

（三）溪口古渡

位于潮州市潮安区归湖镇，韩江干流与凤凰溪的交汇处，是古时韩江上的渡口，也是左联作家戴平万的故乡和他走向"左联"策源地上海唯一可能的通道。

修复后的溪口古渡融合了"韩江"+"左联"两个文化因素。结合韩江水运文化，介绍戴平万生平事迹，并直观展现追踪这位南粤"左联"文学青年从韩江走向上海的足迹。

（四）韩江红色记忆广场

位于韩江东西溪分汊口广东省潮州供水枢纽，串联韩江水情教育基地。利用临江三级亲水平台打造文化景墙、景台等载体，是韩江红色文化的主题站。

三级平台以习近平总书记视察广东时所作的"要抓好韩江流域综合治理,让韩江秀水长清"重要指示为主题,瞻望未来韩江水利高质量发展蓝图;二级平台以两幅大景墙为两翼,"中央红色交通线"与"左联韩江文学青年"遥相对立,中间分列九个展台,掠影式呈现韩江在革命年代的身影;一级平台继续延伸中央红色交通线,精选交通线陆路部分经过的十个代表性小站,通过史料展示和艺术设计,带领受众重返历史现场。

(五)红棉公园

位于潮州市潮安区江东镇韩江西溪左岸,串联左联烈士洪灵菲的故居。公园的名称来源于洪灵菲的诗歌《红棉树》,是南粤"左联"文化的总站。公园充分利用韩江现有堤岸临水带状坡地和植物,设置入口广场、休闲平台和观江台等。

红棉公园的建筑分为两部分:①主景墙。左景墙简述"左联"的缘起、代表人物、创作成果、活动阵地和主要成绩,右景墙由韩江引出南粤"左联"文学青年这个群体,以韩江水系为底图,自上游至

红棉公园主题景墙

下游,依次标出22位文学青年的出生地,形成直观印象,并详述洪灵菲、冯铿、蒲风这三位烈士的生平事迹,引出唤醒"忘却的记念"之主题。②文学小径。18个展台错落分布,掩映于翠竹扶桑之间,以左翼文化青年的书籍封面、手稿、相片、文摘等图文资料为展示内容,烧制成艺术瓷砖,纪念南粤"左联"文学青年们在文学史和文化史上的贡献。

(六)龙湖古码头水利公园

位于潮州市潮安区龙湖镇龙湖古寨附近的韩江西溪右岸,是韩江局普及韩江水利史、水运史等水文化知识的总站,也是国内首个以韩江水利史、水运史为展示主题的堤岸公园。公园位于韩江明清时期繁华的龙湖码头遗存,建筑共分为两部分:主景墙粗线条地勾勒出韩江数千年的水利史进程;12个景台错落分布于沿江石栏边，拣选韩江历史上重要或精彩的时刻形成主题，展示韩江六千年滨线演进、水系演变、洪旱档案、河港变迁、水利工程、治河机构、交通工具、河港变迁以及古地图等内容。韩江水历史第一次较为完整地展现在公众面前。

龙湖古码头水利公园

（七）赐茶公园

位于潮州市潮安区庵埠镇梅溪河右岸，串联左翼文化青年陈波儿的故居，是左联之旅的潮州分站，以纪念潮州籍"左联"文学青年为主。公园融合了开拍板、胶卷等电影设计元素，记录着陈波儿从电影明星到新中国电影事业奠基人的成长历程，以及纪念南粤"左联"文学青年的引路人、庵埠华侨烈士许甦魂。公园同时还是普及庵埠港、官路驿道等韩江水历史知识的园区。

赐茶公园

（八）韩江河口公园

位于汕头市澄海区韩江东溪莲阳桥闸之畔，串联左联筹建者之一杜国庠的故居，是左联之旅的汕头分站，也是整条旅径的终点站。公园利用现有防浪墙，装饰艺术瓷砖，左景墙以"韩江河口记忆"为主题，向公众呈现韩江数千年河口演变过程中的概貌；右景墙聚焦新中国成立后韩江河口整治，展示余锡渠治水、绘制韩江现代水利体系蓝图的历程。园区中央设有景观小品，饰以新中国成立后韩江潮安站历代最高洪水位记录。园区里面浇筑了异形景墙，介绍杜国庠、侯枫、陈子谷、唐瑜等4位汕头籍"左联"文学青年的故事和作品。

韩江河口公园

二、工程特色

韩江南粤"左联"纪念堤岸整治工程不是传统意义上的"为控制和调配自然界的地表水和地下水，达到除害兴利目的而修建"的水工程，而是以水工程为依托，以水文化为主线，以水景观为载体，通过讲好水故事，加深流域公众对韩江的了解，强化情感认同，从而达到不断提高公众爱江、护江行动的参与率，最终实现保护韩江水资源目标的水工程。具体而言，左联之旅具有以下五个特色。

（一）旅径式——形成韩江水文化纪念地群

左联之旅共有八个节点，分布于韩江上、中、下游的堤岸边上，除了将自身打造成文化纪念地，还通过串珠成链的方式，串起南粤"左联"文学青年故里、水历史遗存，抒清叠加于韩江之上的文化线路，将韩江打造成一条"水文化旅径"。

（二）文化式——水历史与红色文化双线并行

"在治水的同时激活红色文化记忆"，是该工程最恰如其分的注解。左联之旅冠以"纪念"的名义，在水文化内涵的呈现上并非拼盘式的大杂烩，而是拣选两大纪念主线——水历史与红色文化——纪念韩江曾经的故事，曾经的人，打造出"水利+红色文化"有机融合模式。

（三）先行式——率先建成广东万里碧道示范标杆

在广东万里碧道尚处于规划阶段时，左联之旅就克服各种不确定因素，大胆创新，在碧道建设上注入丰富文化内涵，为韩江碧道规划最终落定于"潮客历史文化长廊"主题提供了典型案例，也为韩江潮州段成为广东唯一入选、成功创建全国首批17个示范河湖名单奠定了坚实基础。

（四）生态式——尊重河道岸线原貌

该工程节点在选址时，全部利用现有堤岸结构或平台设施，在维持河道原有岸线的前提下，对选所堤岸段进行护岸整治，植草固坡，文化提升。对历史文化遗存的修复上，做到修旧如旧。整个项目投资少、收益高、易复制、好推广。

（五）互动式——打破隔绝人水亲和的"围墙"

该工程选取富于浓郁水文化和红色文化特色的堤岸节点，加以提炼与提升，兼具人文教育与亲水休憩相结合的 功能。工程建成后，24小时365天免费对公众开放，成为附近居民健身、闲聚、观江以及了解韩江水文化的好去处，并在潜移默化中将韩江的水历史、水常识、水故事送入"寻常百姓家"，令人们在日常休闲、运动时耳濡目染地接受节水护水意识的熏陶，充分体现"人水和谐"理念。

三、工程效益

左联之旅，它以水工程为依托，以水文化为主线，以水景观为载体，深度挖掘粤东籍"左联"文学（含部分左翼文化）青年的革命事迹与生平成就，还原了中央红色交通线惊心动魄的历史场景。同时，它将韩江流域古老的水利文化、水运文化和丰富的红色文化，以现代化韩江碧道串联；将散布在韩江边村落中的先烈故里和隐藏在历史深处的中央红色交通线串联，从而让红色革命精神在韩江沿线得到广泛传承。

左联之旅的建设，使韩江不再仅仅只是一个地理称谓，而是一个汇集了水源、文化、环境、经济、情感等多方因素的综合体。

【文化解读】

韩江碧道、韩江水运古驿道、南粤"左联"文学青年及中央红色交通线，分别代表韩江极为突出的三种基础文化——水利文化、水运文化、红色文化。是左联之旅，使原本平行而难有交集的水利和红色文化，通过讲好韩江故事而实现了有机融合。

一、水利文化

左联之旅的水利文化，集中于龙湖古码头水利公园和韩江河口公园。其水利文化介绍分为五大版块。

（一）韩水变迁

这一版块描述了韩江水系从一万年前至今的演变历程，其中重点描绘韩江下游河道的变迁以及三角洲冲积平原的形成过程，以"1+7"（总图+分解图）的形式，生动演绎韩江水系的塑就、梳理韩江古往今来称谓的演变，通过明清古地图，以直观的手法展示韩江水系样貌。

（二）韩水之利

这一版块重点介绍韩江作为母亲河对流域发挥的重要功能。一方面，引水灌田、筑堤围垦，形成比较稳定的农业经济环境；另一方面，倚仗韩江大动脉，发展水路航运，带动了沿岸城镇的商贸繁荣，潮州还一度成为海上丝绸之路的重要中转站。

（三）韩水之害

这一版块以档案的形式，梳理展示韩江古往今来的洪旱史，同时加插珍贵的图片档案，让公众直击历史现场，对韩江的洪旱灾害产生身临其境之感，引发公众居安思危，对韩江产生敬畏之心。

(四)韩水之治

这一版块重点阐述"水利"的意义。人为对江河的治理,变害为利,是为"水利"。①水利工程:修筑堤围来捍御洪水是最主要的水利措施,故该部分以介绍韩江堤围为主,尤其详述水利公园所坐落的南北堤之简史。②治水先贤:列举以韩愈为代表的在韩江治理过程中发挥过重要作用的水利人,简要讲述他们的治水功绩。③治河机构:展示韩江自有专门治理机构之始至今的6个机构名称。④个案展示:流域最早的水厂——庵埠水厂始建于1914年,为国内第四个现代水厂。在近代供水方面,韩江流域居于全国前列。

(五)河口整治

这一版块展示韩江数千年来河口从一到多的演变历程,突出历朝历代韩江淤塞的整治难点,并重点介绍新中国成立后,澄海县第一任县长余锡渠同志带领全县人民整治韩江河口、建设韩江下游五闸的经历。

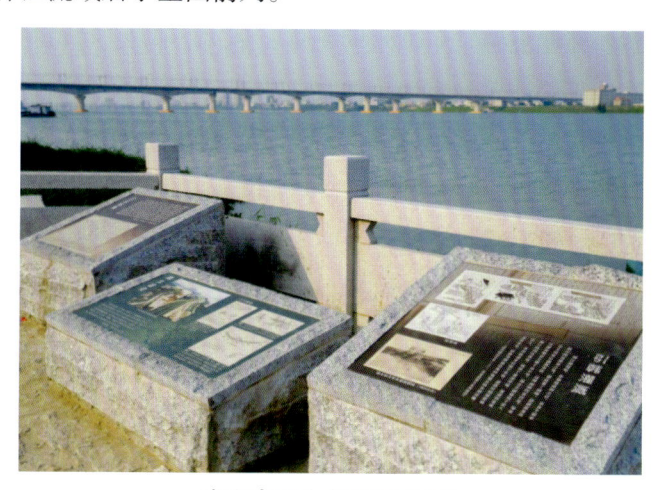

龙湖古码头水利公园景台

二、水运文化

左联之旅的水运文化,散见于龙湖古码头水利公园、韩江古水驿纪念地、赐茶公园、韩江河口公园、溪口古渡。其水运文化介绍分为四大方面。

(一)交通文化

韩江是古代粤东地区首要的交通要道。龙湖古码头水利公园从细节着笔,对韩江水运史上的重要事件、精彩时刻进行拣选、提炼,详叙了韩江水运的前世今生。其中精选的"三江连通""舟楫剪影""广济津梁"等主题,展示了古代韩江人工运河的开凿、江上特有的交通工具样式、中国四大古桥之一广济桥在交通史上的地位等内容。

（二）水驿文化

古代驿道是负责传递公文与接待往来官员食宿的机构。在"陆事寡而水事众"的韩江流域，韩江古水道是首要的交通要线，沿江分布着诸多水驿站，与陆驿共同形成驿道网。韩江古水驿纪念地以"水驿"为主题，通过对大量古代史志典籍的挖掘，最终形成韩江古水驿分布图，辅以明清古地图，向公众展示古代韩江流域整个交通路线的走势。赐茶公园所在的官路村，本就是行韩江水路至此"上官路（驿道）"之处。

（三）河港文化

韩江下游三角洲水网密集，港口、码头、渡口众多。龙湖古码头水利公园选址于明清龙湖古码头遗存，赐茶公园位于庵埠古港附近，溪口古渡本为凤凰溪连接韩江干流的重要渡口。这一版块向公众介绍了古代韩江港口的变迁，重点介绍潮州、庵埠、樟林等大港以及近代汕头开埠后兴盛一时的汕头港。

（四）河口文化

韩江河口公园"韩江河口记忆"版块全景式再现了历朝历代发生在韩江河口上的重大事件，河口的繁荣与败落见证了三角洲的形成以及历朝政治、经济、文化的演变。

三、红色文化

左联之旅的红色文化，以红棉公园、韩江红色记忆广场为主，以韩汀线纪念地、赐茶公园、韩江河口公园为梅州、潮州、汕头分站点，以溪口古渡为实体案例。其红色文化介绍主要分为三大方面。

（一）南粤"左联"文学青年

左联是中国共产党在早期领导文学青年组成的进步组织。在20世纪20—30年代，以杜国庠、洪灵菲、冯铿、戴平万为代表的文化青年，沿着韩江，走向当年左翼文化运动的中心——上海，参与筹建左联。在以左联为代表的左翼文化运动中，韩江文化青年成为一股不可忽视的力量，不仅参加人数众多，且皆有不俗的贡献，后又多携笔从戎，为革命与文化事业贡献毕生力量。他们当中既有洪灵菲、冯铿等烈士，也走出来杜国庠、陈波儿等一批新中国成立后文艺战线的领导人。左联之旅项目将这些文学青年集结一堂，提炼出南粤"左联"文学青年群，在红棉公园打造主题纪念公园，唤起"忘却的记念"，以供后人追思。又以韩汀线纪念地、赐茶公园、河口公园作为分站，分别详细介绍梅州籍、潮州籍、汕头籍的左联青年，根据这些文学青年的历史地位及文学成就，突出介绍洪灵菲（左联唯一的粤东籍常委）、冯铿（左联五烈士中唯一的女性）、蒲风（文学成就较高）、陈波儿（文化贡献较大）、杜国庠（左联筹建者之一）等人事迹。在溪口古渡，结合戴平万故居打造实体案例，在介绍戴平万生平事迹时，直观展现了这位左联青年从韩江走向上海的足迹。

（二）中央红色交通线

1930—1934 年间，在红军长征之前，秘密连接上海党中央和中央苏区之间"地下航线"。在北方线、长江线以及其他南方支线相继暴露的情况下，唯有通过韩江—汀江这一线路的支线完好地保存下来，成功护送大量的文件、物资、中央干部以及技术人员进入苏区。韩江红色记忆广场完整地呈现整条中央红色交通线的线路，从水路到陆路，选取每一个小站发生的具有代表性的故事，再现平凡日常掩饰之下惊心动魄的革命历程。

（三）革命年代韩江掠影

在风云诡谲的 20 世纪，韩江既是历史的见证者，又是参与者。韩江红色记忆广场以景台方式呈现国民革命军东征、三河坝战役、潮汕七日红等历史事件，同时也提炼出华侨、烈士、革命母亲等人物主题，串起南粤"左联"文学青年的成长背景，探寻中央红色交通线在粤东大地牢固生根的缘由，令人们对两大红色主题的理解更为深刻。

【水文化建设】

在左联之旅的规划、设计与建设过程中，韩江局确定了以水载文，以文化人，将韩江水文化、水故事有机融入水工程的建设、水景观的修复，以史为鉴的建设先进水文化的主思路。通过强化情感认同，将冷冰冰的混凝土建筑建设成有人文温度的水利工程，将水利工程打造成水情教育基地，成为宣传珍惜保护水资源的阵地。左联之旅的水文化建设，集中体现他们的这种理念。

一、硬件建设

左联之旅与传统印象中的水工程大相径庭，既无气势恢宏的跨江建筑，又无把控一江水脉的调蓄设施，它更像是供旅人沿途亲水休憩的驿站，在昔日渡口边，百载堤围旁，辟荒芜为园地，点砂石至文明，将一片片素日人迹罕至的河滩，化为八个水文化纪念地。

（一）选址

以纪念地群式连接成水文化旅径，是工程在建筑上最大的特色。八个水文化纪念地在选址时，在兼顾上中下游的同时，优先选择与左联文学青年故居相去不远的韩江码头、港口、渡口或韩江河段重要节点。

从地理位置上讲，以梅江、汀江、梅潭河三江汇源处的韩汀线纪念地为起点，沿着韩江干流顺流而下，来到丰顺县潭江镇河段的韩江古水驿纪念地，继而是韩江干流与凤凰溪交汇处的溪口古渡，随之是韩江东西溪分汊口的韩江红色记忆广场，接下来分西溪、东溪二路：沿着西溪继续前行，左岸是江东镇的红棉公园，右岸是龙湖镇的水利公园，继续前行，经过西溪下游梅溪、新津、外砂三河分汊，沿着梅溪河前行，到达赐茶公园；沿着东溪一直前行至入海口附近的莲阳桥闸，可到韩江河口公园。

从红色文化上讲，该工程依次串联起三河坝战役纪念馆、戴平万故居、梅益故居、柯柏年故居、洪灵菲故居、杜国庠故居，以及中央红色交通线沿线的青溪交通中站、汀江、韩江干流、潮汕铁路、汕头交通中站等。

从水历史遗存上讲，该工程与龙湖古码头、溪口古渡、赐茶庵、产溪驿等水历史遗存休戚相关。从现代水利设施来讲，龙湖古码头水利公园和赐茶公园依托南北堤、红棉公园依托江东堤、溪口古渡依托归湖堤、韩江河口公园依托一八围、韩汀线纪念地依托汇城堤三江汇源母亲河塑像广场，韩江红色记忆广场依托广东省潮州供水枢纽亲水平台等进行建设。

（二）设计

该工程八个节点皆是不设围墙的"露天展馆"，园区中因地制宜，结合现有构筑物与绿植掩映，通过设计艺术景墙、景台，布置景观小品、景石、特色坐凳等。景墙景台版面上的展示内容，主要是从海量的地方志、水利志、水运志、人物传记、文学作品、画史、学术著作等中挖掘、精选、整编而成。例如，韩江三角洲滨线演进景台资料来源于学术著作《韩江三角洲》，根据书中具有强烈专业性的《韩江三角洲历史时期滨线的推进》一图简化，制成七张分解图，令观众一目了然，也使其成为龙湖古码头水利公园最受欢迎的景台。再如红棉公园主景墙上南粤"左联"文学青年故里分布图，每一个地点除了从书籍记载中所获，还进行实地踏勘加以确认；工程所载左联文化，在书籍资料记录的基础上，还访得南粤"左联"文学青年之后人，对生平与事迹进行详述、勘误。又如《韩江古水驿站分布图》，根据明代《天下水陆路程》《明会典》等典籍整理标注而成。

二、软件建设

常言道："聚是一团火，散作满天星。"在传递韩江水文化上，左联之旅颇有此意味。旅径式的建筑样式，将韩江水文化送至客家、潮汕两大族群活动腹地，或为熙攘的闹市，或为僻静的乡野，该工程实现了在喝韩江水的地方，一站站地传递韩江故事的最初设定。韩江作为一条主线，在"形"上，将这群水文化纪念地穿成一条"旅径"，在"神"上，它是各个纪念地共同的"主角"。工程巧妙地运用"母亲河"这个身份，使人一提起左联之旅，就联想起水源、水利、生态、经济、文化等与韩江相关联的元素，从而产生情感共鸣。在"以水载文，以文化人"思路的引导之下，韩江局不断推动水工程与水文化的深度融合，提炼出"水利＋红色文化"融合模式，逐渐形成独具特色的韩江水文化品牌。

（一）开展志愿服务，讲好韩江故事

为更好地弘扬韩江水文化，韩江局于 2020 年创建了志愿服务队，将讲好韩江水故事、宣传韩江水资源保护等内容作为主要职责，在左联之旅八个节点现场为前来参观的领导、同行、学生、社会团体开展志愿讲解活动。截至 2022 年，由韩江局主导开展的水文化宣讲活动共计 200 场，受众超过 6000 人次。依托该工程的"逐梦韩江"节水护水志愿服务项目获第六届中国青年志愿服务项目大赛节水护水志愿服务与水利公益宣传教育专项赛三等奖，被推荐参加国赛。

（二）融合特色活动，丰富品牌内涵

工程建成后，韩江局围绕着"水利＋红色文化"有机融合模式相继开展系

列主题活动。如2019年3月举办"南粤古驿道·第十五届韩江徒步节暨南粤'左联'之旅"活动。9月在红棉公园举办"庆祝新中国成立70周年·缅怀南粤'左联'英烈"纪念活动。10月22日，邀请位于上海的左联成立大会会址纪念馆、位于广州的鲁迅纪念馆等专家前来红棉公园参观调研。12月，组织民间河长参观龙湖古码头水利工程、红棉公园。2020年3月，开展左联成立90周年纪念周活动。制作《走进左联之旅》宣传视频（三集）和南粤"左联"文学青年作品、事迹音频（五条），受到南粤古驿道网等多家媒体的转载。10月30日，参加2020年南粤古驿道"Hello 5G 杯"定向大赛（第六站·潮州潮安）线上直播，围绕韩江"左联"红色文化历史主题与南粤古驿道网进行交流。11月22日，举办南粤古驿道·第十六届韩江徒步节暨左联成立90周年纪念活动。

"缅怀南粤'左联'英烈"纪念活动

12月23—24日，广东省副省长、韩江省级河长许瑞生赴汕头、潮州巡查韩江，对左联之旅项目按时保质建设、"水利+红色文化"融合模式创立，助推韩江潮州段成功入选全国首批17个示范河湖创建名单，表示高度肯定。12月29日，水利部副部长陆桂华调研左联之旅项目，对广东省韩江流域管理局首创"水利+红色文化"融合模式，延伸水利工作内涵表示赞赏。

（三）开展水情教育，形成社会效应

左联之旅为韩江局的水情教育工作拉开帷幕。近年来，韩江局以潮州供水枢纽为主阵地，创建韩江流域水情教育基地。基地以潮州供水枢纽为中心，以左联之旅8个节点作为辐射点，扩大韩江水情知识宣讲范围，努力在全社会营

造节水、护江的良好氛围。其中，青少年群体是韩江局输出韩江水情教育的重要对象。

2021年，广东省直机关及潮州市关心下一代工作委员会青少年教育协作单位相继在潮州供水枢纽挂牌，标志着韩江局对青少年的水情宣讲教育工作步入正轨。此前，左联之旅已吸引了韩山师范学院、广东工业大学、佛山科学技术学院等诸多大学生前来参观学习，韩山师范学院更加将课堂"搬到"左联之旅现场，多次组织学生到龙湖古码头水利公园、红棉公园等地开展研学活动。随后，中山大学、华南理工大学、华南农业大学、暨南大学、汕头大学等高校院系相继在潮州供水枢纽挂牌，与韩江局共同打造本科实习教育基地，左联之旅成为学生们学习韩江水历史、了解韩江水故事的主阵地。此外，韩江局还组织水情教育进校园活动，将韩江水文化送至汕头、潮州两市的中小学课堂。

（四）形成系列成果，扩大品牌影响力

随着"水利+红色文化"韩江水文化品牌的逐日成熟，左联之旅的影响力逐渐扩大：项目被写入《2020年广东省政府工作报告》，被广东省直机关工委《跨越》杂志（2020年第2期）作为封底宣传专题，被评为水利部第三届水工程与水文化有机融合案例，被写入《中国水利年鉴·文学艺术卷（2020）》。依托该工程形成的作品《广东省韩江流域管理局水利+红色文化打好打赢碧水攻坚战》精彩60秒于《中国水利报》展播，《韩江边上的"护江驿站"》获第八届

第16届韩江徒步节暨"左联"成立90周年纪念活动

广东省市直机关"先锋杯"工作创新大赛优秀奖,《从一条江到一条红色旅径》入选省委宣传部《广东省党史学习教育创新案例集》,《节水护江,责任在肩》入选第二届水利系统基层单位文明创建案例,《以韩江治水史为例解读习近平总书记"十六字"治水思路》入选水利部"我学我讲新思想"水利青年理论宣讲20个优秀课程。此外,红棉公园入选潮州当地媒体评选出的"韩江八景",摄入专题纪录片在潮州电视台播出,潮州市潮安区江东镇党校在此挂牌为现场教学点,被评为2022年度汕头市优秀工程勘察设计奖综合工程奖(园林景观设计)三等奖;龙湖古码头水利公园被评为2022年度汕头市优秀工程勘察设计奖 综合工程奖(园林景观设计)二等奖。韩江局也相继被评为2017—2019年度广东省直机关文明单位、第九届全国水利系统文明单位,全面推进河长制湖长制工作先进集体等。

【延伸阅读】

● 广东四大江河之一的韩江

韩江位于福建省南部及广东省东部,为我国东南沿海最重要的河流,与西江、北江、东江,并称广东四大江河。韩江上游由发源于广东省河源市紫金县的梅江和发源于福建省宁化县的汀江汇合而成,两江在梅州市大埔县三河坝汇合后,始称韩江。以梅江为源头,全长470千米,流域面积30112平方千米。其中广东、福建和江西省的面积占比为59.3%、40.1%、0.6%。韩江干流段全长170千米,是梅州、潮州和汕头人民的母亲河,也是古代潮汕人民对外交流的重要水道。

● 韩江与韩愈

元和十四年(819年)初,韩愈因上《论佛骨表》惹怒唐宪宗,被贬为潮州刺史。同年10月改任袁州刺史。韩愈在潮州的时间仅有短短八个月,但却做成了四件大事,分别为:①除鳄鱼;写下著名的《祭鳄文》,带领百姓驱鳄除害,保障潮州人民生命安全。②修水利,推广北方先进的耕作技术。《海阳县志·堤防》引陈珏《修堤策》曰,潮州北堤"筑自唐韩文公"。③放奴婢。下令奴婢可用工钱抵债,钱债相抵就给人自由,不抵者可用钱赎,以后不得蓄奴。④办教育，兴建一批学堂，大兴文化教育，并将自己的俸禄几乎全部投入办学。史载，韩愈之前，潮州只有进士 3 名，韩愈之后，到南宋时，登第进士就达 172 人。

在潮州的八个月，韩愈深刻地改变了当地的社会经济和人文条件，并与潮州人民结下了深厚的友谊。潮州人为纪念韩愈，修建了韩文公祠，并将位于粤东的恶溪（鳄溪）改称为韩江。

● 左联简介

全称中国左翼作家联盟，是中国共产党领导的左翼文学团体，1930 年 3 月 2 日在上海成立，随后在北平、天津、保定、青岛、广州等地和日本东京成立左联分盟，它们在各地中共党组织及左联党团领导下从事社会政治斗争，在左联《理论纲领》和有关决议指导下进行文学创作，是继五四新文学运动后又一次伟大的革命文学运动。

● 左联与韩江

左联全称为中国左翼作家联盟，简称左联，是中国共产党于 20 世纪 30 年代在中国上海领导创建的一个文学组织。在左联存续的 6 年间，位于粤东韩江两岸的梅州、潮州、汕头共有 20 余名文学青年（含部分左翼文化青年）投入其间，为民族和国家贡献青春和热血。

在这些英雄儿女中，洪灵菲、戴平万、冯铿、杜国庠、陈波儿、蒲风等是韩江儿女的骄傲。其中最著名者，为洪灵菲和冯铿两位烈士。

洪灵菲出生于潮州韩江边的江东镇红砂村，1926 年加入中国共产党，1930 年 3 月出席"左联"成立大会并为七常委之一。1933 年被捕，1934 年中秋节前后在雨花台被国民党枪杀，年仅 32 岁。主要作品有《流亡》《前线》《归家》等。冯铿出生于潮州枫溪云步镇，1929 年加入中国共产党，1931 年 2 月在上海龙华被国民党秘密杀害，为左联五烈士之一，牺牲时年仅 24 岁。

（本文照片均由广东省韩江流域管理局提供）

乌鲁瓦提水电站

14 乌鲁瓦提润和田

【概述】

乌鲁瓦提水利枢纽工程位于新疆维吾尔自治区和田地区和田县境内，是和田河西支流喀拉喀什河上第一座具有灌溉、防洪、发电、生态保护等综合效益的控制性工程，也是国家"九五"期间重点建设项目。工程有效改善了和田地区的防洪能力及民众缺水缺电难题，为促进民族地区社会经济高质量发展和百姓脱贫致富发挥了重要作用，是造福和田各族人民的幸福工程。

【兴修背景】

乌鲁瓦提水利枢纽是和田河西支流喀拉喀什河上第一座水利枢纽，也是和田地区第一座控制性工程。它的兴修与喀拉喀什河的水文特性密切相关，也与和田地区经济社会发展需求密切相关。

和田地区位于塔里木盆地南缘，喀喇昆仑山及昆仑山北麓，面积24.91万平方千米，地处欧亚大陆腹地，屏障于西北两面的帕米尔高原和天山，挡住了来自西伯利亚的冷空气；而南部绵亘的昆仑山、喀喇昆仑山，阻隔了来自印度洋的暖湿气流，因此和田地区春季多沙暴、浮尘，夏季炎热，年平均降水量仅35毫米，蒸发量却高达2480毫米，高山融雪成为河川径流几乎唯一的来源。

喀拉喀什河（维吾尔语，墨玉河）为和田河主要支流之一，全长808千米，流域面积2.66万平方千米，其中乌鲁瓦提水文站以上河长约589千米，穿越终年积雪的崇山峻岭。径流以冰川和永久性积雪补给为主，径流的年内分布极不均匀，82.3%的径流集中于6—9月。这些径流一旦流入人口稍多的平原，便很快会被太阳晒干或土地吸干，能用于灌溉的河水十分稀缺。

如果没有有效的水利设施，这些稀缺水源即使被农民辛苦引进灌渠，但能流到田地的也不过十之一二。

为了利用和田河宝贵的水资源，发展灌溉农业，和田人民开展了艰苦卓绝的治水治沙行动，但受社会经济和技术条件制约，在很长一段时间内只能在平原地区兴建中小型水库，水源消耗太大。如果能在位于喀拉喀什河出山口处兴建控制性水利枢纽，可有效解决"四害一缺"（即春旱、夏洪盐碱、风沙和能源短缺）问题，对和田地区社会经济发展和人民生产生活质量的提高具有重大意义。

1957年，原新疆水电勘测处曾在此进行过水利资源普查工作，1961—1962年，水电部西北勘测设计院也在此进行过河流规划工作。20世纪70年代，当地水利水电部门对喀拉喀什河的开发，进行过多次实地勘测。

从20世纪80年代末开始，新疆水利水电勘测设计研究院完成《和田喀拉喀什河中游河段规划报告》，并于1990年通过审批。经过比选，乌鲁瓦提水利枢纽被推荐为第一期开发工程。

【建设历程】

1992年3月，水利部发函批准水规总院对乌鲁瓦提水利枢纽工程的可行性研究报告的审查意见，并上报国家计委。

1993年5月，国家计委向国务院上报工程可行性研究报告并获批复。

1993年6月，水利部批准了乌鲁瓦提水利枢纽工程的初步设计。

1993年8月，工程开始施工准备。

1995年10月3日，工程正式开工建设。

1997年9月，工程实现截流。

1998年8月，工程开始施工期蓄水。

2000年9月，工程1、2号机组建成投产。

2001年4月，工程3、4号机组建成投产，工程开始全面发挥效益。

2003年1月，工程通过竣工初步验收。

2009年9月，工程通过竣工验收。

【工程简介】

一、工程概况

乌鲁瓦提水利枢纽为大（2）型水利枢纽工程。枢纽建筑物由拦河主坝、副坝、右岸开敞式溢洪道、泄洪排砂洞、左岸冲砂洞、发电引水系统、主副厂房、110千伏户内式开关楼等组成。

拦河坝为混凝土面板堆石坝，坝顶高程1967.00米，主坝最大坝高133米，坝顶长365米，宽8.9米。副坝最大坝高67米，坝顶长96米。

水电站位于大坝左岸，为坝后式，由主副厂房组成。共装机4台，总装机容量6万千瓦，保证出力1.65万千瓦，设计发电量1.97亿千瓦时。

水库为不完全年调节水库。回水面积8.36平方千米，最大水深110米，正常蓄水位以下库容3.23亿立方米，调节库容2.24亿立方米，防洪库容0.28亿立方米，死库容0.98亿立方米。

二、工程特色

1. 当时国内最高的混凝土面板堆石坝

乌鲁瓦提水利枢纽工程最大坝高133米，在全国在建的同类坝型居第1位，居世界同类坝型第4位，亚洲第2位。由此带来一系列重大技术问题，国家组织技术力量对此进行技术攻关，有关技术获得全国科技进步奖。

2. 独特的调度方式

喀拉喀什河来水集中于汛期4个月，其余时段来水少，水位易于控制。因此除供水阶段外，其余时间都可通过发电调节水量，因此乌鲁瓦提水库的调度较为简便。6—7月结合下游综合用水需求，水库维持在死水位泄洪排沙运行；8月水库开始蓄水至汛限水位；9月水库蓄至正常蓄水位；10月至次年5月，水库进入供水期，库水位从正常蓄水位逐渐消落至死水位。因此，水库每年都要兼顾死水位、汛限水位、正常蓄水位三种状态，这在全国水库运行中较为独特。

三、工程效益

乌鲁瓦提在维吾尔语中译为"伟大的父亲"，乌鲁瓦提水利枢纽也像一位伟大的父亲一样，沉默、坚毅、不善言辞，却切切实实地造福了和田地区的各族人民，自建成投入运行20余年来，工程全面发挥了灌溉、防洪、发电及生态保护等综合效益，是和田人民的幸福工程。

1. 灌溉供水效益

乌鲁瓦提水利枢纽工程承担着喀河灌区214万亩耕地的灌溉供水任务（包括墨玉县19个乡镇、和田县拉依卡乡、朗如乡等7个乡镇以及皮山县皮亚勒玛乡共176.8万亩，兵团第十四师224团、47团37.2万亩）。通过水库调蓄，2009—2022年灌区总引水量达208亿立方米，年均引水量约14.8亿立方米，从根本上解决了灌区"春旱秋枯"季节性严重缺水的问题，切实保障下游灌区粮食生产安全。

2. 防洪效益

乌鲁瓦提水利枢纽工程承担着拦洪削峰，保护下游人民群众生命财产安全及 315 国道、铁路桥梁等交通干线安全的重任。自工程投运以来，水库充分发挥拦洪削峰的作用，成功抵御了 2010 年"7·29"洪水、2015 年"7·31"洪水、2022 年"8·16"洪水等大洪水，有效保证了下游群众免受洪水灾害，重要基础设施免受洪水冲击，使下游河道"夏洪"泛滥的问题得以根本治理。

大坝泄洪

3. 发电效益

乌鲁瓦提水力发电厂为和田地区骨干电源之一，承担着电网基荷及调峰备用任务，自电站并网发电以来，累计发电量达 55 亿千瓦时，多年平均发电量 2.69 亿千瓦时，持续为和田地区输送清洁稳定的电力能源。

4. 生态效益

乌鲁瓦提水利枢纽工程在寸草不生的和田地区留下一汪碧水，库区的水土保持工作较好地发挥了涵蓄水土、防风固沙、净化空气、调节小气候的作用，为当地的生态环境不断提供"正能量"。具体表现如下。

（1）水面扩大，有效改善工程小气候

工程兴建前，项目区多年平均降水量 78.4 毫米，工程建成后，尤其是水土保持项目实施后，多年平均降水量146.3毫米；项目区浮尘天气逐渐减少，绿化效果、防沙治沙效果、土壤改良效果显著。

库区水面

（2）通过水库调节，实现水资源时空的有效配置

喀拉喀什河是和田河的两大支流之一，承担着向塔里木河生态输水任务。经乌鲁瓦提水利枢纽工程调蓄后，2011—2022年水库已累计向下游输水316亿立方米，其中生态输水约113亿立方米（喀河渠首断面）。水库运行至今，各年度、各阶段下泄流量均能满足下游生态用水需求，对维持和改善和田河及塔里木河下游绿色走廊脆弱的生态环境发挥了重要的补给作用。

（3）替代火电，减少大气污染

乌鲁瓦提水电站自2000年12月开始并网发电，近期每年可为地区节约标准煤约13.5万吨。而和田地区恰恰缺乏煤炭，水电替代火电节约了煤炭资源。

（4）削峰填谷，涵养水土

通过水库削峰，减少了对下游河道及两岸的冲刷破坏，涵养了水土，稳定了河床及河岸边坡，有效控制了因洪水引发的滑坡、泥石流等次生灾害，工程的生态效益十分显著。

5. 旅游效益

工程建设，为和田地区平添了一处 4A 级国家风景区和国家级水利风景区，也通过道路建设，让周边原有景区的可通达性大大提高，有显著的旅游效益。

四、工程荣誉

工程的竣工验收成为新疆水利建设史上具有标志性的一件大事，是向新中国成立 60 周年献上的一份厚礼。喀拉喀什河沿岸群众从此结束了靠天吃饭的历史，和田地区各族人民多年的夙愿得以实现，美丽的南疆又镶嵌了一颗璀璨夺目的明珠。

2010 年 11 月乌鲁瓦提水利枢纽荣获中国建筑工程鲁班奖，2010 年 12 月荣获中国水利工程优质（大禹）奖，2011 年 2 月荣获中国土木工程詹天佑奖，2011 年 11 月被评为国家百年百项杰出土木工程。

【文化解读】

一、新疆工程水利的全新一页

水是生命之源、生产之要、生态之基。对水资源极其缺乏的南疆地区而言，水是压倒一切的战略性资源，有水就是绿洲，无水就是荒漠，在数千年始终是颠扑不破的真理。早在两千年前，新疆地区就开始了早期的农田水利，催生了以绿洲为代表的西域文明，后来又出现了坎儿井这样巧夺天工的水利工程，但受制于社会经济条件和技术能力，这里的水利始终在低水平循环，直到 20 世纪 80 年代，和田地区只能修建平原水库，不仅容量有限，而且渗漏量和蒸发量较大，水资源利用效率太低。而在春末夏初，又不能抵御山洪，只能任其冲毁田园、房屋，然后白白流失。

乌鲁瓦提水利枢纽工程，让和田地区有了第一座控制性水利枢纽，揭开了新疆水利建设的全新一页。

不仅如此，乌鲁瓦提水利枢纽工程的建设及管理，也在新疆水利建设管理上揭开了全新一页。

1. 新疆地区最早实施项目法人制的大型水电项目

1993年,前期准备工程开始之际,成立了以自治区主席为组长的乌鲁瓦提水利枢纽建设领导小组,下设工程建设指挥部。1995年9月主体工程开工前夕,经自治区人民政府批准,成立了乌鲁瓦提水利枢纽工程建设管理局,作为工程项目法人,履行工程建设和工程建成后的管理职责。并从1996年3月开始全面推行建设监理制,这也是新疆境内首次实行项目法人责任制和建设监理制的大型水电建设项目。

2. 新疆地区较早全面实行招投标制的大型水电项目

为了有效地控制工程质量、造价和工期,项目业主对导流泄洪排砂洞、主坝、副坝和溢洪道、引水发电系统(包括发电引水洞、冲砂洞、主副厂房、开关楼等)、金属结构的制作与安装、机电设备的制作与安装等主体工程都通过招标选择承包单位。其中最为关键的主、副坝施工标,由陕西省水电工程局和新疆水电工程局联营体中标。

3. 新疆地区最早实施建设监理制的大型水电项目

1995年,建管局成立前,乌鲁瓦提水利枢纽工程的现场技术和质量控制工作由原建设指挥部下属的施工技术处负责。从1996年3月开始,建管局委托新疆水利水电工程建设监理中心组建工程监理部,严格按水利部规定对工程独立管理,为工程项目创优创造了条件。乌鲁瓦提也由此成为新疆地区最早实行建设监理制的大型水电项目。

乌鲁瓦提水利枢纽工程的建设,让新疆水利由此揭开了全新一页。

二、团结治水的生动实践

作为和田地区第一个控制性水利枢纽,乌鲁瓦提的建设面临着诸多技术难题,仅凭和田地区的技术力量远远不足,凭借新疆维吾尔自治区的力量也有欠缺,为此党和国家高度关注,从内地调集人员,对工程进行技术资助。如针对当时国内最高的混凝土面板堆石坝,就进行了以下工作。

(1)工程聘请国内13位知名专家组成顾问组,就主坝和副坝的基础处理、坝体结构、排渗系统、坝料生产、防洪度汛等十几项重大问题提出了宝贵的咨询意见。1995年邀请巴西面板坝专家卡扎林到工程现场考察和交流，介绍辛戈坝设计与施工经验，对乌鲁瓦提工程进行了咨询。每年聘请自治区内专家到工程现场及时解决建设过程中出现的难题，为工程建设管理和施工出谋划策。

（2）水利部委托南京水科院，就"高混凝土面板砂砾石坝关键技术"课题开展研究。在混凝土面板的防裂技术、砂砾石坝的渗流控制和防渗结构、坝体和面板的施工技术等方面取得突破。2003年7月，本课题的研究成果获国家科技进步二等奖。

（3）委托新疆水电设计研究院不断优化设计和施工方案。如对主、副坝结构做了重大修改，减小了断面，简化了结构，既提高了坝体的安全可靠性，又节约了大量的开挖与填筑工程量。对截流、度汛、坝体填筑、面板浇筑等重大方案都聘请专家反复研究，不断优化。尤其针对乌鲁瓦提气候干燥、多风、昼夜温差大等不利条件，为减少面板裂缝，组织了课题组对面板混凝土配合比设计不断优化，取得了显著成效；针对面板混凝土斜坡输送用常规的溜槽法易产生分离的问题，自行研制了布料槽车直接将混凝土输送至仓面，较好地解决了这一问题，这种做法尚属国内首创。

三、生态水利的重大举措

乌鲁瓦提水利枢纽工程的建设，还让新疆在生态水利方面迈出了重大一步。

乌鲁瓦提水利枢纽工程位于荒漠地带，降水极少，蒸发强烈，风沙多，植被少，可谓水贵如油，寸土寸金，仅靠自然力量不可能维系生态系统和生物多样性，因此这里的水土保持工作以人工修复为主。为此，工程将水土保持纳入主体工程建设管理，与主体工程"同时设计、同时施工、同时投产使用"。

一是实行分区治理。将项目划分为枢纽区、工程管理区、坝后河道区、料渣场区、施工临建区、道路区、和田生活基地七个治理区，因地制宜地进行水土流失防治。

二是工程措施。在天然洪沟内因势利导，修建过水涵洞、排水沟等过水、导水建筑物，将水流引向主河道。对松散、破碎的岩体和风化层进行浆砌石护坡、混凝土衬砌等技术处理措施，以减轻风蚀。对纳入的绿化地进行平整，清除垃圾、废弃物及不适合绿化种植的高碱土、砂砾石等。为防止破碎的山体坡积物下滑，

山青林茂的生活区

在分级台地间修建挡土墙或挡渣坝。对易造成水力侵蚀、风蚀，形成水土流失的施工弃渣需挖除外运；对可以利用的施工弃渣进行土地平整、绿化。

三是土壤改良。对该地区碱性大、缺乏有机质的砂土、砾土施农家肥，改良土壤性质，增加有机质含量，或将适宜草坪生长的土壤换填到绿化地中。

四是植物保护措施。优先选择冷地型草坪（如早熟禾、苜蓿、三叶草）和生命力旺盛的树种，条件允许时结合景区规划选择观赏树木。

据统计，工程建设共完成土地整治面积88.94公顷，弃渣清运287000立方米，土方开挖3400.4立方米，浆砌石20908立方米，灌溉面积58.84公顷，砾石压盖200平方米，衬砌混凝土1320立方米，混凝土网格6870平方米，芦苇格3.43公顷；实施植物措施面积47.69公顷，种植乔木101120株，种植灌木34890株，种草17.02公顷，苗圃5.34公顷，覆土538194立方米，整地施肥22.39公顷，实施栽植的乔木主要树种有馒头柳、新疆杨、泡桐、垂柳、火炬、桃树、杏树、侧柏等，栽植的灌木主要树种有水蜡球、珍珠梅、冬青、沙枣、连翘、丁香、蔷薇、枸杞等。

多年实践证明，乌鲁瓦提水利枢纽工程水土保持项目效果非常明显，不但有效控制了水土流失，而且以水库蒸发形成的小气候，明显改善了项目区风沙大、降水稀少的自然条件。乌鲁瓦提水利枢纽工程水土保持工程措施和植物措施是必要可行的，值得同类工程借鉴和推广。

四、民生水利的极大改善

乌鲁瓦提水利枢纽工程的建设，还从解决水资源时空配置这个根本问题入手，让当地百姓从缺水困境中解放出来，不仅促进了农业水利的发展，改善了当地民生，还让和田地区的社会经济上了一个较大台阶，成为民生水利的可靠保障。

1. 创造就业机会

工地地处偏僻，就业机会较少。而乌鲁瓦提水利枢纽工程建设施工期高峰施工人数达3540人。为当地百姓创造了许多固定和临时的就业岗位。工程建成后，为新疆增添一处国家4A级风景区和国家级水利风景区，也有利于当地百姓就业增收。

2. 引进先进理念

工程的建设吸引了大量外地企业与员工到和田工作，带来了先进的技术与理念，开阔了当地百姓的眼界。

3. 促进地区经济发展

工程的建设拉动了项目所在地区和田、墨玉、洛浦3县的经济发展，影响着整个地区，也推动了新疆的相关产业，带动采矿业、科学研究、技术服务和地质勘察业、水利、环境、公共设施和管理业、农林牧渔业等发展很快，充分显示了资源优势。同时，带动了全疆水泥、钢材、采石、木材生产和加工，农副业生产和饮食服务、商业，尤其是带动和田玉加工和开采业迅猛发展。

据统计，由于乌鲁瓦提水电厂提供了稳定、廉价的电力能源，为和田地区的经

库区出产的和田玉

济发展创造了良好条件，使很多外地企业纷纷入驻和田地区，工业经济增长迅猛，和田地区的人均GDP由2000年的1747元增长到2022年的19566元。通过工程可靠的水量调节，灌区灌溉面积逐年增大，粮食产量大幅增长，为农牧民增收打下了坚实的基础，保证了灌区内的粮食生产安全。

五、社会稳定、民族团结的有效保障

乌鲁瓦提水利枢纽工程的建设，还促进了新疆的民族团结，有利于边疆社会安全和稳定。

1. 解决用水需求，促进民族团结，促进边疆社会安全、稳定

喀拉喀什河平均年径流22.27亿立方米，但河流径流年内分配极不均衡，灌区春季灌溉时缺水的矛盾十分突出。水库建成后，2011—2022年水库已累计向下游输水316亿立方米，其中灌区总引水量约178亿立方米，生态输水约113亿立方米（喀河渠首断面）。同时，缓解了用水需求，提高了水资源合理利用和管理水平，增强了当地居民的安全感和幸福感，促进了边疆地区的社会安全和稳定，也促进了民族团结。

2. 提高人均收入

在和田地区，少数民族居民达97%，人民生活还十分贫困。20世纪90年代初，当地人均年收入仅有300元左右。和田地区人均耕地仅为0.09公顷，远低于全疆平均水平。水库建成后，当地农牧民扩大果林业发展，提高了人均灌溉面积。通过改造中、低产田，提高土地利用率，促进当地农牧民脱贫，增加农牧民收入。

由于乌鲁瓦提水利枢纽工程的建设，对和田市及周边县、村、镇有很大的带动作用，需要这些地区提供生活资料、建筑材料，还导致这些地区流动人口的增加等，带动了电力、采矿和旅游等多个行业的快速发展，促进了和田市经济的发展，改善了收入分配。2000年和田地区农牧民收入较全疆其他地区偏低，人均收入仅为794元，到2022年，人均纯收入为11456元。

工程还为和田地区增加了一处4A级旅游风景区和国家水利风景区，推动了和田地区旅游事业的发展。

管理区内的风车长廊

3. 缩小城乡差别和工农差别，提高社会文明程度，促进精神文明建设

乌鲁瓦提水力发电厂的任务是承担系统调峰、调频和事故备用。因此，该电站可以大大改善现有水电、火电的运行安全，提高系统供电质量，可解决和田市长期存在的工农业生产和人民生活用电紧张的局面。尤其是该项目增加了地区的骨干电源点，同时项目影响区人均用电量增加值为213.8千瓦时每人，提高了人民生产生活用电水平，发电效益显著。

4. 移民建镇与维稳戍边

建库前，乌鲁瓦提仅水库末端有和田县朗如乡米提孜牧场的一个牧业分场，其余多为无人区。搬迁前，牧民生活水平低。搬迁后，移民收入虽然仍低于和田地区人均收入，但生活水平有了很大提高。

工程建成后承担向兵团某师供水任务，对提升该师维稳戍边能力具有重大意义。

【水文化建设】

乌鲁瓦提水利枢纽工程建设管理局在重视工程建设进度的同时，大力推进水文化建设，通过乌鲁瓦提4A级旅游风景区和硬件建设及文明创建等软件建设，逐步构建起布局合理、种类齐全、特色鲜明、规模适度的水文化教育基地，以

"严格标准、突出特色、注重实效、动态管理"的原则面向社会群众开展水文化，充分发挥水文化宣传功能和引领示范作用。

一、硬件建设

乌鲁瓦提水利枢纽工程以 4A 级旅游风景区为核心，以水的利用为发展战略，融入和田深厚的历史文化内涵，根据空间布局及资源特色情况，通过造景引景将一个水库变成多个水库、多个瀑布、多条水系、多项水体验，成功打造出一个集人文景观和自然风光为一体的综合性景区。[①]

乌鲁瓦提地质景观区可分为 5 个景区：乌鲁瓦提水利风景区、民俗文化区、万卷崖景区、阿其克景区以及沙漠景观区。

（一）水利风景区

这是本地质景观区核心部分，该风景区旅游资源丰富，自然景观和人文景观齐备，环境容量大，设施较完备，具有度假、观光、科考、科普教育等功能，因此该景区最具吸引力。工程借助水土保持项目，对整个区域进行开发建设，在保证工程安全的前提下积极营造一个大力弘扬水文化的环境。景区景色十分优美，库区四周被干燥剥蚀的山峰环绕，库区内水清浪静，波光倒影，景色十分秀丽，是夏季避暑、乘凉、划船及观光旅游的好地方。

1. 大坝景观

大坝气势宏伟，水库蓄水量大，湖水清澈，坝下流水终年不断，水库库区的水土保持工程利用现有的水源及绿化措施起到了较好的涵蓄水土、防风固沙、净化空气、调节小气候的作用，形成了一方胜景，独特的昆仑山风貌、壮观的工程设施及峡谷水库，使其成为和田地区旅游业内一道亮丽的风景线。

（1）工程景观：宏伟的乌鲁瓦提大坝、喀河渠首工程、挂壁栈道、索龙桥、大坝夜景、溢洪道、玉龙大坝飞瀑、电厂厂房等。

（2）人文景观：奇石馆、工程建设教育图片馆、园林小区、休闲公园、流域模型、昆仑文化墙、假山等。

[①] 本节内容较多参考了中国冶金地质总局西北地质勘察院陈帅等人创作的《和田乌鲁瓦提地质景观区旅游资源调查评价》，《地质与勘探》2018 年第 54 卷增刊，第 1467–1475 页。

坝后景观

（3）旅游服务：库区喀河观光、喀河源头探险、漂流、游泳池、垂钓池、游艇等。

（4）娱乐休闲：大小游艇三艘，旅行车观光车数辆，篮球场、网球场、健身房各一处。

凉亭景观

2. 人文景观之古栈道

乌鲁瓦提景区不仅有许多著名的自然景观，而且有许许多多的人文景观，并且流传着许多动人的传说。据《山海经·穆天子传》所记载的胡杏沟便是和田县朗如乡排孜瓦提村，又称杏花村。村里达300年以上的古杏树有500余棵，每年的3、4月份杏花遍野，芳香四溢。阳春时节，杏花怒放，杏林飞霞，整个村庄都会"淹没"在杏花香雨中，好似"杏仙下凡"。和田县朗如乡艾古塞村，又名桃花村，有文字可考的历史可追溯到唐代。村中有五棵唐代所植的古核桃树，至今仍充满生机，附近桃树成林，桃花盛开，若世外桃源。

让人叹为观止的除了气势恢宏的大坝外，还有喀喇喀什河西岸独具特色的一条宽2米、长达23千米的古栈道。它像一条巨龙蜿蜒地盘踞在昆仑山中半山腰畔，栈道下便是万丈深渊。如今，已成为维吾尔族牧民进山的要道，在人们的生活中发挥着举足轻重的作用。

3. 自然景观之岛屿

喀河两岸地质遗迹的形、声、色、光，给人以强烈的美的感受，具有极高的美学价值。浑然天成的万卷崖、风韵犹存的象鼻山、阿其克峡谷城堡、神秘莫测的昆仑哲人，昆仑三峡"两岸连山、略无阙处，重岩叠嶂、隐天蔽日"。

4. 美化工程

包括观景阁（亭）、仿长城、镇蛟塔、水池亭榭、葡萄长廊、画廊、花房、流域模型、工程纪念碑、民族团结文化长廊、伟人雕塑等。

在乌鲁瓦提水库区北侧喀河中有多处心滩，其上生长着众多植物，是灰鹤、野鸭、大雁等飞禽的乐园。置身其中，四周被干燥剥蚀的低山环绕，高峻挺拔，形态奇异：远观莽莽昆仑，雄姿英发，近看湛蓝湖水，水清浪静，湖光倒影，景色宜人，好似荒山秃岭中的绿珍珠。已成为夏季避暑、乘凉、游泳、垂钓、划船及观光旅游的好去处。

（二）其他景区

乌鲁瓦提地质景观区内地质遗迹种类众多，且具有较高的科研、科普价值，可划分为5个大类，7类，9个亚类。

景观区内地质遗迹在地学和生态学等方面，具有极高的科学价值和观赏价值，利用潜力大，对研究昆仑山基础地质问题具有重要的科学理论价值，不仅可以成为青少年科普教育的实地堡垒，而且喀河渠首及王蔚墓还可成为爱国主义教育基地。

（三）国家水情教育基地

枢纽工程以申报国家水情教育基地为抓手，积极开展水文化宣传工作。建成了以枢纽工程为主体的水文化宣传教育基地，配有专职讲解人员 7 人，兼职运行管理人员 40 人，志愿服务人员 75 人。

枢纽工程右岸设有水情教育展厅，展厅内陈设了水库大坝模型、基地模型、展板等宣传实物，同时安装了投影仪、音响、LED 彩屏和麦克风等多媒体演示设备，滚动播放水情宣传影片，再通过讲解人员进行现场讲解，普及宣传枢纽工程运行情况、水库防灾减灾效益、水利科学、水利法律法规和节水用水常识等。

枢纽工程另设有昆仑文化广场、民族团结长廊、大型流域模型、浮雕以及水库大坝等景点，同时枢纽工程具有完善的消防设施、安全防护、参观引导、交通道路、运输车辆等设施和区间休息站、商业街等处所。

昆仑文化墙

下一步，他们将以乌鲁瓦提水利风景区打造成为国家 5A 级景区和著名水情教育基地为目标，新增一系列更加切合水情教育实际的参观项目、实地景观和互动设施，将室内展示和室外景观结合呼应，带给参观人员更加直观和深入的参观学习体验。

二、软件建设

乌鲁瓦提水利枢纽管理局充分利用好工程荣获的"百年百项杰出土木工程""詹天佑奖""大禹奖""鲁班奖""国家级水管单位"以及"自治区级文明单位"等荣誉,打造出"高质量工程、高水平管理、高科技运行、高效益发挥"四张名片,全面提升枢纽工程的知名度,扩大枢纽工程在水文化宣传方面的影响范围和影响力。

工程投入运行以来,乌鲁瓦提水利枢纽管理局就一改水利工程过去重建轻管的模式,以提升工程管理规范化、科学化为目标,始终切实加强水利工程管理,确保工程安全运用。于2014年6月,委托南京水利科学研究院完成了大坝安全鉴定工作,鉴定结果为"一类坝"。

1. 严格按照相关规范及审定的调度规程进行管理,管理制度健全、管理程序规范、管理设施先进,工程运行稳定

多年来,管理局始终坚持"兴利服从防洪,电调服从水调"的水库调度原则,按照水库调度规程和批准的防洪度汛方案,科学合理调度,尽最大努力满足下游灌区灌溉用水需求和免除下游洪水灾害。充分发挥了工程的灌溉、防洪、发电及生态保护等综合效益,为下游灌区的粮食生产安全和地区经济发展提供了有力保障,真正成为和田人民的幸福工程。

2. 不断丰富教育宣传手段

一是依托"世界水日·中国水周""世界防治沙漠化和干旱节"以及"世界森林日"等重要节日,开展水情知识讲座、水利法规知识有奖竞赛、水源地环境卫生大扫除等丰富多彩的水情教育宣传活动,全年组织大型水情教育活动不少于3次。在有效展示基地建设和管理成果的同时,提升群众的节水、保水意识。

二是以工程建成前和建成投运后带给和田地区的显著变化为出发点,图文并茂地进行教育展示,通过历史证明和人民美好生活现状来体现优秀水利工程的巨大效益和杰出贡献。同时,将水利建设历史中涌现的杰出代表及感人事迹录制成纪录片,在展厅内滚动播放,时刻提醒人民群众"吃水不忘挖井人"。

休闲区

三是免费发放水文化宣传材料，进一步宣传水利工程建设、水利文化和水利法规政策等，充分结合民族团结一家亲、普法宣传和水利法规宣讲等一系列活动，在基地内部和周边社区、村庄开展水利法规知识讲座、知识竞赛和趣味有奖答题活动，提高群众参与的积极性和水文化教育的趣味性，既保持了活动热度，也提升了教育的质量。

乌鲁瓦提水利枢纽管理局先后获得了全国水利系统先进集体、全国防汛抗旱先进集体、开发建设新疆奖状、全国水利文明单位、自治区民族团结进步模范单位等殊荣，2012年成为西北五省首个、新疆唯一的国家级水管单位，2015年顺利通过国家级水管单位复核验收，连续多年被新疆水利厅党组授予"先进基层党组织"荣誉称号，连续多年被新疆水利厅评为"安全生产先进单位"。

【延伸阅读】

● 和田水神王蔚

在和田民众心中，王蔚被誉为"水神"。在和田30多年间，王蔚带领和田民众修建了58座水库。1986年，王蔚开始考虑埋藏心底多年的"乌鲁瓦提之梦"。

乌鲁瓦提是喀拉喀什河注入和田绿洲的出山口,他冒着生命危险翻越4800米的高山进行考察,为乌鲁瓦提水库选址。可惜王蔚未能看到这项工程开工,1991年4月27日,王蔚溘然长逝。他临终前叮嘱:"我死也要死在和田,我要看着和田人民把这项工程建设好。"新疆维吾尔自治区党委宣传部、新疆和田地委、行署,新疆水利厅、中国新闻社新疆分社、新疆南海影业有限责任公司等单位联合摄制的电影《五十八座半》,生动描述了王蔚在和田治水的事迹。

● 新疆的三峡工程

乌鲁瓦提水利枢纽工程在规模上虽远不及三峡,但它在20世纪50年代开始前期工作,60—70年代历经挫折,80年代末取得各方认可,其间的曲折、坎坷与三峡较为接近。工程于1993年8月开始施工准备,1995年正式开工,1997年实现截流,也与三峡工程基本同步;工程寄托了新疆人民的多年夙愿,同时具有重要的综合效益,也与三峡工程具备共通之处。因此,在很长一段时间以来,乌鲁瓦提水利枢纽工程被称为"新疆的三峡工程"。

(本文照片均由乌鲁瓦提水利枢纽工程建设管理局提供)

图书在版编目（CIP）数据

水工程与水文化有机融合典型案例.3／水利部
精神文明建设指导委员会办公室编.
—武汉：长江出版社，2023.5
ISBN 978-7-5492-8850-2

Ⅰ.①水… Ⅱ.①水… Ⅲ.①水利工程-文化-建设-案例 Ⅳ.①TV

中国国家版本馆CIP数据核字（2023）第069121号

水工程与水文化有机融合典型案例.3
SHUIGONGCHENGYUSHUIWENHUAYOUJIRONGHEDIANXINGANLI.3
水利部精神文明建设指导委员会办公室　编

责任编辑：	张蔓
装帧设计：	刘斯佳
出版发行：	长江出版社
地　　址：	武汉市江岸区解放大道1863号
邮　　编：	430010
网　　址：	https://www.cjpress.cn
电　　话：	027-82926557（总编室）
	027-82926806（市场营销部）
经　　销：	各地新华书店
印　　刷：	武汉新鸿业印务有限公司
规　　格：	787mm×1092mm
开　　本：	16
印　　张：	19.25
字　　数：	324千字
版　　次：	2023年5月第1版
印　　次：	2023年11月第1次
书　　号：	ISBN 978-7-5492-8850-2
定　　价：	98.00元

（版权所有　翻版必究　印装有误　负责调换）